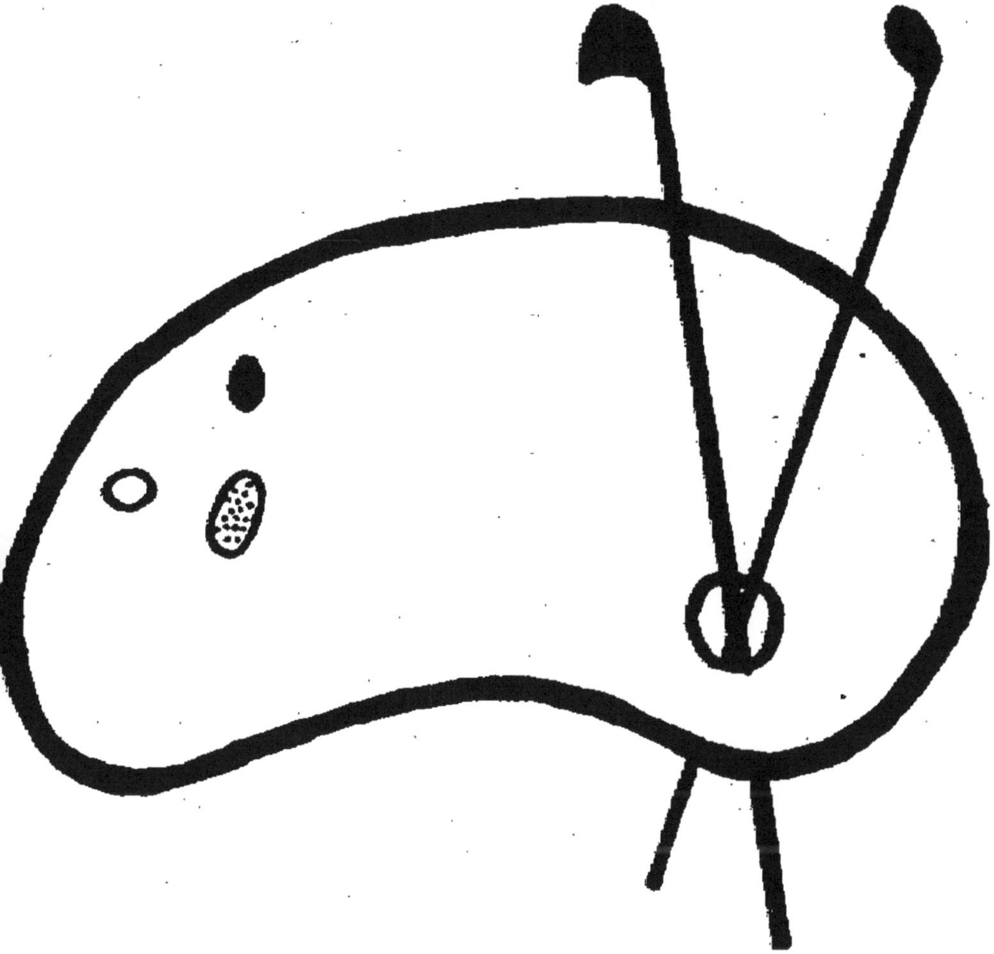

EUGÈNE FARRENC

La Provence

RÉCITS DE TOURISTES

HYÈRES

CHEZ TOUS LES LIBRAIRES

1891

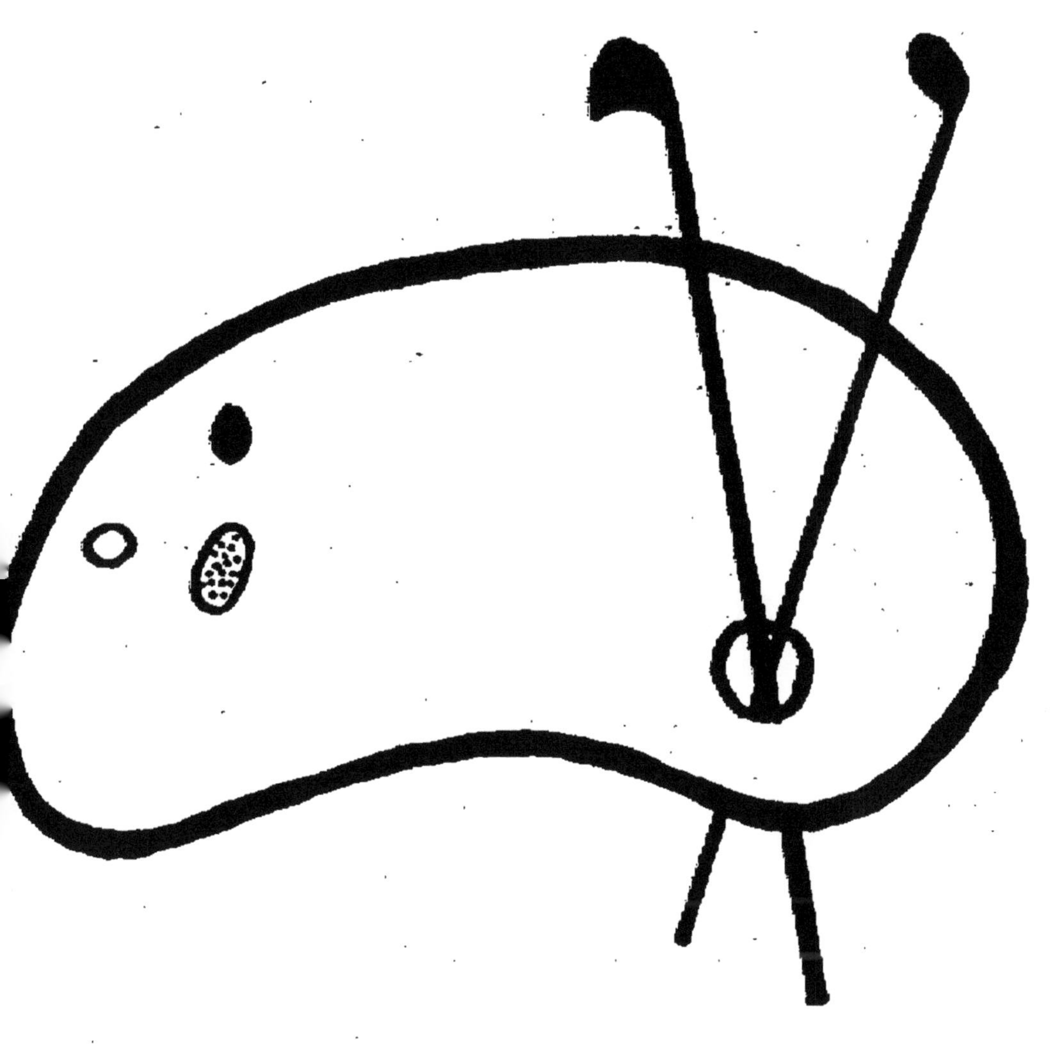

FIN D'UNE SERIE DE DOCUMENTS
EN COULEUR

RÉCITS de TOURISTES

EUGÈNE FARRENC

La Provence

RÉCITS DE TOURISTES

HYÈRES

CHEZ TOUS LES LIBRAIRES

1891

NICE — IMPRIMERIE DES ALPES-MARITIMES
16, Rue Saint-François-de-Paule, 16.

PRÉFACE

Faire connaître la Provence et surtout notre littoral méditerranéen où l'hiver vient se reposer l'élite des populations étrangères, — aussi bien que nos propres nationaux, — autrement que par une simple description des localités ou édifices à visiter par eux ; c'est-à-dire : rappeler les événements, perdus souvent dans l'histoire provinciale, qui se sont produits dans cette contrée ; esquisser les mœurs passées et présentes des habitants ; ressusciter sous la plume, en quelque sorte, des personnalités oubliées qui, du fond de leur terre natale, ont apporté leur pierre à l'édifice social ; expliquer les étymologies de noms et de lieux dans un pays successivement Gaulois, Latin et Franc ; faire assister à la transformation des croyances et des usages, — conséquence des occupations successives du sol par des peuples divers — nous a semblé œuvre utile et c'est elle que nous nous sommes efforcé de créer.

Un des reproches qui pourraient peut-être s'adresser à cette œuvre, serait d'y avoir introduit, au milieu de détails historiques, une fiction : le roman.

Nous devons à cet égard communiquer notre pensée.

Certes, le roman n'ayant pour but que l'exposé de faits par trop réalistes, ne représentant l'humanité que sous des aspects sombres, parfois écœurants, s'efforçant ainsi de jeter en nous le doute, le scepticisme et le découragement, ce roman-là est assurément condamnable.

Mais celui qui dépeint les mœurs sociales sans parti pris d'écarter ce qu'il y a de bon et de noble dans l'homme; qui analyse les passions de l'âme en creusant dans ses mystérieux replis pour y découvrir, s'il est possible, quelques parcelles de l'éternelle pensée de Dieu, ce roman-là, disons-nous, comme observation, comme peinture, comme but investigateur et révélateur, peut et doit être lu par les masses, ignorantes le plus souvent des choses abstraites d'ici-bas, parce que ces masses se meuvent sans pouvoir généralement s'expliquer des sentiments que la plume de l'écrivain sait leur définir par des récits instructifs délassant l'esprit et le cœur.

Le roman! mais c'est l'histoire descriptive de l'âme, le conte toujours nouveau de la vie que, à défaut de livres et sans commentaires, nous nous faisons les uns aux autres, ou à nous-mêmes, à chaque heure du jour.

Nous n'avons donc point hésité à rompre l'aridité du sujet principal en plaçant, à ses côtés, une fiction secondaire dont les consciences les plus craintives, les plus scrupuleuses n'ont rien à redouter.

Ce premier volume arrête le lecteur à Hyères, le second volume le conduira à Fréjus, Cannes, Nice, Monaco et Menton, contrées ensoleillées, empreintes de souvenirs historiques.

RÉCITS de TOURISTES

D'AVIGNON A HYÈRES

I

Le départ. — Deux inconnues. — Avignon. — Aix. — Marseille.

A Paris, vers le milieu du mois de novembre de l'année 1887 et par une froide et pluvieuse soirée, deux jeunes gens descendirent d'un coupé qui s'arrêtait à la gare de Lyon peu d'instants avant le départ du train à destination de Marseille; l'un d'eux, Paul Verneuil, se munit aussitôt d'un billet et fit enregistrer ses bagages, puis après avoir échangé une dernière poignée de main avec son ami César Andrieux en lui disant : *Je t'écrirai,* il s'élança dans le compartiment d'un wagon, quelques coups de sifflet retentirent, le train s'ébranla et disparut au milieu d'un panache de vapeur.

De son côté, Andrieux remontait dans le coupé pour rentrer dans Paris.

Pendant que Verneuil, fatigué par l'insomnie de la nuit précédente, consacrée à ses amis qui avaient voulu le fêter avant son départ, se dispose au sommeil et pendant que la locomotive crie, souffle et vole sur la voie, esquissons rapidement quelque chose de lui.

Il avait alors environ trente ans, le teint brun et chaud de la plupart des enfants du midi. Des cheveux bouclés encadraient une physionomie toute rayonnante de sentiments nobles et généreux. Son front large et légèrement bombé au sommet laissait supposer qu'il devait appartenir à la phalange des travailleurs de la pensée, des élus de la science, de la littérature ou des arts. En effet, Verneuil avait voué son existence à la peinture.

Huit années de travaux, d'études consciencieuses, de voyages, avaient merveilleusement développé son talent ; dans un aussi court espace de temps il avait conquis la réputation que les artistes ambitionnent tant de fois en vain.

Cette assurance d'avoir, si jeune qu'il était encore, presque atteint la célébrité, donnait à son cœur, exempt de sotte fierté, une douce quiétude, une satisfaction intérieure qui servaient a mettre en relief ses avantages naturels.

Après de longs jours de séparation et d'absence il allait enfin revoir la Provence où il était né et sa mère, veuve depuis quinze ans, sa mère qui, afin de donner satisfaction au penchant irrésistible de son fils pour l'art, avait fait abnégation de toutes les joies de son cœur en cessant de voir, d'entendre ce fils aimé, son seul enfant, l'attendant impatiemment du fond de sa campagne, à la Valette, près de Toulon, mais en le bénissant toujours.

Il allait donc saluer la terre où s'était écoulée son enfance, le toit maternel et cette douce perspective, hantant son esprit, interrompait son repos ; alors, dans les courts moments de réveil, il se laissait encore absorber par le souvenir des amis restés à Paris et par la pensée des joies du retour, de telle sorte qu'il ne daigna même pas jeter un coup d'œil sur ses compagnons de voyage.

Le mauvais temps continuait, le ciel demeurait toujours sombre, la pluie, poussée par des rafales de vent, fouettait les glaces du compartiment, on entendait au loin le sourd grondement du tonnerre; mais ce bruit, joint à celui de la voix des voyageurs, ne parvenait point à soustraire Verneuil à ses préoccupations ou à sa somnolence.

Le train fit halte à Lyon vers le matin ; il était question de déjeûner, le jeune voyageur, apportait en entrant dans le buffet une sorte d'insouciance pour les objets extérieurs, quand tout à coup une voix douce, une voix de femme en s'adressant à une jeune personne qui l'accompagnait, articula ces paroles :

— Allons, chère nièce, un peu de gaîté, nous nous rapprochons de notre chère Provence et de notre ciel bleu.

Verneuil leva la tête à ce mot de Provence qui chassa toutes ses torpeurs ; il jeta un regard sympathique sur la personne qui l'avait prononcé, femme d'un âge mur et paraissant appartenir au meilleur monde, — puis faisant aussitôt une légère et respectueuse inclination vers les deux dames en prenant place à table.

— Je crois, dit-il, saluer en vous deux compatriotes ?

S'inclinant à son tour la dame qui avait parlé répondit :

— Moi seule, monsieur, suis cette compatriote ; décidée ainsi que ma nièce à fuir pendant quelques mois le ciel brumeux de la capitale, nous nous rendons à Hyères.

— Hyères, reprit Verneuil, je l'ai visité dans mon enfance et n'en ai conservé qu'un faible souvenir, mais je me propose d'y faire une excursion cet hiver.

Le déjeûner touchait à sa fin quand la voix retentissante d'un employé du chemin de fer fit entendre le cri : En voiture !

Verneuil se leva et mû comme par une instinctive attraction, il suivit ses deux nouvelles connaissances, tous trois pénétrèrent dans le même compartiment et le train reprit sa course.

Rien ne romp plus facilement le cérémonial mondain et ne dispose autant à la confiance et à l'abandon qu'un voyage. Longtemps enfermés dans un étroit espace, vivant en commun, partageant les mêmes sensations, les mêmes craintes, exposés aux mêmes dangers, les voyageurs se lient soudainement d'une sorte d'amitié qui entraîne un laisse-aller et une franchise telles, qu'on dirait que toutes les personnes ainsi réunies par hasard appartiennent à la même famille.

Verneuil se livra bientôt à une conversation animée avec ses compagnes, conversation basée sur des actualités de la vie parisienne, qui mit à jour tous les avantages de son cœur et de son intelligence et faisait remarquer chez les deux voyageuses une extrême délicatesse de sentiments, une instruction étendue et variée.

La plus âgée des deux, Mme de Larcey, c'était le nom gravé sur le sac de voyage qu'elle tenait à la main, semblait avoir cinquante ans ; une grande distinction était répandue sur toute sa personne, sa physionomie douce, expressive, son regard empreint de bonté, appelaient toutes les sympathies et son sourire qui apparaissait parfois, mourait presque aussitôt dans le coin de ses lèvres comme si elle se faisait un reproche de l'avoir laissé poindre ; on devinait alors que bien des amertumes avaient dû abreuver sa vie.

Sa nièce, qu'elle nommait Emerance, devait avoir vingt-cinq ans à peine ; elle possédait une beauté originale dont le jeune peintre fût frappé; tous ses mouvements étaient gracieux et revêtus d'une telle dignité native, que l'on pouvait juger que, quelle que fut la vivacité des impressions que cette jeune femme pouvait inspirer, une sorte de respect devait aussitôt en arrêter l'expression.

Les heures avaient fui dans cette causerie presque intime entre les trois amis ; ni le ciel gris, ni la pluie qui tombait à torrent ne les avaient préoccupés un seul instant et la locomotive avançait toujours.

Bientôt pourtant, le soleil perça à travers de gros nuages noirs et vint de ses rayons illuminer toute la contrée que parcouraient les voyageurs. Verneuil jeta un coup d'œil au dehors en s'écriant :

— Nous voici presque en Provence, nous allons atteindre Avignon, mesdames, on aperçoit déjà des oliviers, des figuiers qui semblent nous saluer, nous sourire et nous dire avec le poëte :

« Sois le bien arrivé, pauvre enfant du Midi,
« Que le Nord nous tuait sous un ciel engourdi ! »
« Viens ! nous avons ici des brises caressantes
« Qui font monter la sève aux tiges languissantes.
« Viens ! pour toi, le genêt, noble et riche manteau,
« Secouera ses parfums sur les flancs du côteau ;
« La cassie ouvrira, sœur de la sensitive,
« De ses pompons dorés la parure craintive ;
« Vieux soldats alignés, les roseaux, sous le vent,
« Agiteront dans l'air leur panache mouvant ;

« Et le beau citronnier près de ses boutons roses,
« T'offrira le fruit mûr avec les fleurs écloses.
« Déjà ton œil s'anime,et ton front s'est levé :
« Pauvre enfant du Midi, sois le bien arrivé !

Le train s'arrêta à la gare d'Avignon, cette ancienne ville à laquelle se rattachent tant de souvenirs historiques.

Les trois voyageurs descendirent du wagon et en quelques minutes Mme de Larcey indiqua du doigt le pont sur lequel passaient les papes pour se rendre à leur palais qui se découvre au-dessus de la ville.

— C'est là, dit-elle, que Jeanne de Naples, comtesse de Provence, moyennant quatre-vingt-mille écus d'or céda Avignon à Clément VI qui la fit déclarer innocente du meurtre de son époux André de Hongrie, — mais ni son éloquence, car elle plaida elle-même sa cause, ni sa beauté ne parvinrent à l'absoudre aux yeux de l'histoire. — Triste époque où l'or faisait pencher la balance de la justice !

— Eloignons ces graves souvenirs, fit Emerance, salut à la ville où naquit le brave Crillon, salut à Pétrarque le chantre de Laure qui a vécu près d'ici aux fontaines de Vaucluse !

Nos voyageurs reprirent leur place, le train recommença sa course et Mme de Larcey ajouta :

— Si les chemins de fer permettent aux touristes un rapide et commode parcours, ils enlèvent aux voyages ce qu'on pourrait en appeler la poésie et le charme. — Se rendre de Paris à Marseille en traversant indifféremment et à toute vapeur des contrées fourmillantes de souvenirs de l'antiquité, ce n'est pas voyager comme je l'entends. Ainsi nous aurons côtoyé Orange, nous ne ferons qu'entrevoir Arles, nous laisserons de côté St-Remy, toutes villes si intéressantes au point de vue de l'architecture romaine, nous traverserons la plaine de la Crau où se livrèrent de terribles combats entre le peuple Roi et les barbares du Nord et où se produit le phénomène du mirage, ces lieux dis-je, passeront inaperçus et qu'aurons-nous en compensation ? L'avantage banal d'arriver promptement à destination. A force de calculer le temps, a dit quelqu'un, nous ne savons plus en jouir.

Parlez-moi des voyages à petites journées qu'on faisait autrefois, des haltes dans les auberges de village où l'on pouvait étudier le langage et les coutumes du peuple; qu'apprend à mon esprit Marseille, grande et belle ville sans doute, où, sauf le ciel, le climat, le port et la mer, je retrouve le plein épanouissement des mœurs parisiennes, envahissant de nos jours les grands centres en les dépouillant de leur originalité primitive.

— Mais, ma tante, fit Emerance en souriant, qui empêche le touriste d'effectuer les charmants voyages que vous nous indiquez ? Il n'a, il me semble, qu'a s'arrêter à telle ou telle gare, de là se diriger vers le point curieux à visiter pour ensuite reprendre le train et continuer sa route.

— Le touriste se gardera bien de procéder ainsi, répondit Mme de Larcey, parceque des difficultés matérielles s'y opposent. Descendant à une gare très souvent éloignée d'une commune, trouvera-t-il une voiture à sa disposition et le personnel nécessaire pour transporter ses bagages? Et en supposant que cette commune soit rapprochée,pourra-t-il y choisir un véhicule convenable pour le déposer au lieu d'exploration? aura-t-il la chance de rencontrer dans une auberge,comme autrefois, bon coucher, bon gite ? non certes car, par suite de l'établissement des chemins de fer, nos grandes routes sont devenues désertes et les auberges, veuves de visiteurs, se sont, pour la plupart, transformées en simples cabarets.

— En ma qualité de peintre, madame, reprit Verneuil, je dois reconnaître que vous avez parfaitement raison et s'il m'est permis d'aborder la question de plus haut j'ajouterai, avec les économistes,que si les grandes voies ferrées procurent au commerce et à l'industrie de grands avantages, elles n'ont jusqu'à ce jour,faute de lignes d'intérêt local suffisantes, donné à l'agriculture que de médiocres résultats.De plus les grands centres attractifs auxquels aboutissent les chemins de fer, se peuplent au détriment de nos campagnes qui manquent de bras et ce n'est qu'en ayant recours , le plus souvent, à une main d'œuvre onéreuse que nos cultivateurs parviennent à cultiver leurs terres. Dans ces conditions il se produit ce fait : les populations urbaines, flot toujours grossissant et redoutable, réclament à la terre ou plutôt aux populations rurales, une subsistance et des matières premières qu'elles ne peuvent fournir suffisamment et qu'il faut, à prix élevé, appeler du dehors. Conclusion : la famine à la ville et la misère à la campagne.

D'autre part, au point de vue social : si les

chemins de fer et les grandes lignes de transports maritimes amènent, soit entre nations, soit entre provinces des rapports plus fréquents et enlèvent insensiblement à l'esprit national ou local les préjugés et rancunes du temps passé, n'oublions pas que la famille se trouve profondément atteinte par la facilité des voyages. Un notaire de province, je ne sais à quel propos, me disait récemment : « Nos enfants fuient de plus en « plus le foyer paternel pour chercher fortune « vers les centres populeux, par suite les grands « parents demeurent sans soutien dans leurs « vieux jours et seuls à l'instant de leur mort.

Les deux dames s'inclinèrent.

C'est ainsi, dans ces conversations presque familières que le temps s'écoulait et Verneuil, naguère si impatient d'arriver au terme de son voyage, ne voyait point alors, sans regrets, approcher le moment où il faudrait se séparer de ces inconnues qui, sans qu'il le voulut, sans qu'il s'en doutât, avaient su le captiver. Il s'étonnait, lui qui jusqu'alors n'avait éprouvé près d'une femme qu'un trouble passager, il s'étonnait, disons-nous, de se trouver aussi timide, aussi embarrassé et en même temps si heureux près de cette Emerance qu'il ne connaissait que depuis le matin.

Quelle était donc cette jeune femme, à quel monde appartenait-elle, son cœur était-il libre, était-elle mariée ou veuve ? Telles étaient les questions qu'il s'adressait dans les instants où le silence se faisait ; les deux voyageuses restaient muettes en ce qui les touchait personnellement de sorte que n'ayant pû tirer aucun indice sur ce qu'il lui importait de savoir, Verneuil se résigna donc, bien malgré lui, à attendre du temps le soin de l'apprendre à Hyères où il avait la perspective de les revoir.

Et pendant qu'il se livrait à ces pensées il ne se lassait pas, à la dérobée, d'attacher ses regards sur la jeune femme, placée en face de lui, dont le visage radieux et charmant reflétait toutes les sensations diverses de son cœur ; deux fois leurs regards se confondirent dans une même expression et Emerance, devant l'éclat de ceux de Verneuil, baissa aussitôt les siens tandis qu'un imperceptible coloris s'étendait sur ses joues ordinairement d'une mate blancheur.

Nos voyageurs laissèrent bientôt sur la gauche Aix, la ville parlementaire et Mme de Larcey, qui s'était renfermée depuis quelques moments dans le silence de ses propres pensées, dit en se penchant vers la portière du compartiment :

— Aix rappelle le roi René qui a jeté tant de poésie sur la Provence, on ne peut se rappeler sans sourire les excentricités de ce monarque débonnaire. Il me semble le voir l'hiver se réchauffant contre les remparts de sa bonne ville d'Aix, aux rayons du soleil ; l'endroit où ce fait avait lieu porte encore aujourd'hui le nom de *Cheminée du bon roi René*. On raconte que lorsque sa fille, la belle et malheureuse Marguerite d'Anjou, reine d'Angleterre, vint à sa Cour, il s'imagina, pour la distraire de ses chagrins, d'organiser une procession toute grotesque dans laquelle il représentait le roi Salomon. Il fut fort attristé en voyant que ses frais d'imagination n'aboutirent qu'à lui attirer les reproches de la reine, qui s'enferma dans le fond du palais et alla, peu de jours après, se réfugier dans un couvent sur le mont Ste-Victoire que l'on voit d'ici comme un point blanc.

— Le roi Réné, dont la statue figure sur le cours d'Aix, ajouta Verneuil, a laissé en effet d'impérissables souvenirs dans nos contrées. A Marseille où il se rendait souvent, on aime encore, pendant les veillées, à s'entretenir de lui ; il y a dans la banlieue de cette ville une source d'eau vive qu'on nomme *mal passé*. Un jour que Réné se promenait comme un simple mortel avec sa femme, celle-ci fût prise d'un mal subit, le roi cherchait du secours quand il aperçut l'eau à travers les buissons, il en prit à diverses reprises dans le creux de sa main, en humecta le front et le visage de la reine qui revint à la vie. La source et le quartier environnant prirent depuis lors ce nom de *Malpassé*.

De même que Gardanne, petite commune voisine d'Aix, doit son nom au tombeau qui s'y trouve et qui renferme les cendres de Anne, autre fille de Réné.

— Tout ce que m'a raconté ma tante sur Réné d'Anjou, reprit Emerance, est touchant et plein d'intérêt. Son caractère de bonhomme, de poète, d'artiste n'excluait point en lui la bravoure dont il a donné maintes preuves.

Le train pénétra dans la gare de Marseille et s'arrêta. Nos voyageurs descendirent sur le quai et Mme de Larcey dit à Verneuil avec un gracieux sourire :

— Nous nous reverrons à Hyères. A bientôt donc, Monsieur.

Un salut fut échangé et les trois nouveaux amis se séparèrent.

II

De Marseille à Toulon. — La Valette. — Mme Verneuil.

Sans faire plus longue halte à Marseille, tant il était impatient d'achever son voyage, Verneuil prit bientôt le train qui se dirigeait sur Toulon.

Toulon captive à juste titre l'attention des voyageurs. — On y distingue des œuvres d'art telles que les cariatides qui supportent le balcon de l'Hôtel-de Ville, travail de Puget, une statue colossale : le Génie de la Marine, créée par Daumas, un toulonnais, de charmantes fontaines, puis le port, la rade, si merveilleusement favorisée par la nature et enfin l'arsenal de marine où se trouvent groupées de prodigieuses productions de l'esprit humain au point de vue de la science navale.

Quant à la contrée qui s'étend de Marseille à Toulon — et que traverse le chemin de fer,—elle embrasse Cassis, la Ciotat, Bandol, St-Nazaire et la Seyne, modestes petites villes ensoleillées qui se mirent dans la Méditerranée et dont la laborieuse population solidement découplée, au visage brun, aux grands yeux noirs, aux manières empreintes de rudesse, au langage vif, bruyant et imagé, accompagné de gestes animés — toutes choses qui forment la caractéristique des populations provençales et rappellent un ancien croisement de races gauloise, grecque, latine et arabe — se livrent soit à la construction des navires, au cabotage, à la pêche du poisson, soit à la culture de la vigne, de l'olivier ou de l'immortelle.

Les étrangers, l'hiver, ne séjournent guère dans ces localités, car lorsque le mistral apparaît il s'y fait vivement sentir par l'absence des hautes montagnes qui n'abritent le littoral qu'à partir d'Hyères.

Là, comme dans la plupart des villes s'épanouissant le long du rivage, entre Hyères et

Menton, on rencontre peu de monuments datant des époques grecque ou romaine, sauf les ruines de Forum Julii (vieux Fréjus) et de *Cemenelium* ou Cimiez (environ de Nice) il n'a été découvert, par le soc de la charrue ou la pioche de l'antiquaire, que quelques vestiges de fondations en maçonnerie, des pierres tumulaires, des débris de poteries ou des monnaies.

Il ne saurait d'ailleurs en être autrement : ce sol méditerranéen a été, pendant des siècles, successivement convoité, envahi et ravagé par les Visigoths, les Francs, les Lombards et les Sarrasins, ce qui obligeait les populations authocthones à abandonner leurs foyers pour se concentrer sur les points élevés où la défense était plus facile.

Le jeune peintre familiarisé avec toutes les curiosités que présente Toulon et préoccupé de sa mère qu'il allait enfin revoir, ne fit que prendre un léger repas au buffet et laissant ses bagages à la gare, il se dirigea vers la porte d'Italie, se faisant une joie de parcourir à pied les quatre ou cinq kilomètres qui le séparaient du village de La Valette, près duquel se rencontrait la villa qu'habitait sa mère et où s'était écoulée son enfance.

Il se trouva bientôt au-delà de *Maisons Neuves*, un des faubourgs de Toulon d'où se découvre la ville, la rade et les vaisseaux y stationnant, ainsi que les montagnes verdoyantes qui ceignent la cité maritime.

A ce moment le soleil descendait majestueusement vers l'horizon en projetant de brillants reflets; pas un nuage ne voilait l'éclatante pureté du ciel, aucun souffle de vent n'agitait le feuillage des oliviers qui bordent la route, quelques oiseaux jetaient leur dernier gazouillement sonore; on eut dit une fin de journée de printemps.

L'artiste remarqua la différence de température entre le Nord ou le centre de la France et le littoral méditerranéen, ainsi que le font les nombreux étrangers venant l'hiver demander, à ce même littoral vivifiant, la chaleur et la santé.

La Valette apparut enfin à ses yeux et il précipita sa marche. Après avoir dépassé le village, il s'élança dans une longue allée, bordée d'eucalyptus et de lauriers roses, au bout de laquelle se voyait la villa de sa mère.

Un instant après un cri sortit de deux poitrines, deux voix se confondirent : mon fils ! ma mère !

Et mère et fils, serrés étroitement dans les bras l'un de l'autre, versaient de douces et bienfaisantes larmes, puis après les pleurs, les effusions et les tendresses, puis encore ces longs regards qui semblent constater, entre personnes qui ne se sont vues depuis longtemps, les progrès ou les ravages que les années stigmatisent sur un visage aimé.

— Mon Dieu ! pensait tristement Verneuil, comme le temps l'a vieillie.

— Que tu es devenu beau ! Paul, disait sa mère avec un ravissement expansif.

Les questions survinrent, l'artiste parla de ses travaux, de ses succès ; sa mère de sa vie uniforme et toute tracée.de ses tristesses,de sa solitude, de sa longue et anxieuse attente.

— Mais, acheva-t-elle, je te revois et tout est oublié.

— Ma mère, reprit Verneuil, j'espère vous décider à vous fixer à Paris, auprès de moi. J'ai besoin de votre présence, de votre affection, de vos conseils.

Madame Verneuil réfléchit quelques instants et répondit ensuite :

— Les méridionaux, tu le sais, se déplacent difficilement pour abandonner leurs chères habitudes, leur ciel pur, leurs pinédes odorantes, ce je ne sais quoi, cet ensemble qui compose la vie provençale, qui nous ravit dès le berceau, nous satisfait durant le cours de l'existence et nous laisse sans regrets à l'heure suprême où nous quittons ce monde. Pourtant, ajouta-t-elle en fixant un regard presque malicieux sur son fils, si tu étais marié,— je désire que ce soit bientôt,— et que tu aies un enfant, je consentirais à me rapprocher de toi pour t'aider à l'élever et à en faire un homme.

Paul saisit la main de sa mère et la porta respectueusement à ses lèvres pour la remercier.

Peu de jours après, l'artiste écrivait à son ami Andrieux une première lettre ainsi conçue :

« Mon cher César — Je suis arrivé à bon « port, c'est-à-dire auprès de ma mère dont « je t'ai si souvent parlé. Elle me comble de « soins affectueux, de prévenances délicates en « compagnie de notre vieille servante attachée « depuis son enfance à ma famille, une de ces « femmes, rares par nos temps de liberté et

« d'égalité,qui identifient de cœur leur existence
« à celle de leurs maîtres, qui vivent de leurs
« joies ou souffrent de leurs douleurs. Quelles
« soient bénies toutes deux !

« Je n'ai plus retrouvé ici,il serait inutile de le
« dire,ni le ciel brumeux,ni le froid de la capitale,
« le soleil vient dès le matin me saluer dans ma
« chambre en dorant de ses rayons les mille
« riens que j'aimais étant encore adolescent
« et conservés religieusement par ma mère
« bien-aimée , aussi , dès le lendemain de
« mon arrivée, je me suis dépouillé de mes
« chauds et lourds vêtements et si tu étais près
« de moi, tu me verrais en simple veston, la
« tête couverte d'un chapeau de paille, à l'ombre
« des magnolias, aspirer à pleins poumons, un
« air tiède et parfumé dont Paris m'avait sevré ;
« tu me verrais encore livré parfois à de profon-
« des rêveries dans le pays des chimères et à ce
« *far-niente* passager si doux pour ceux qui com-
« me nous, usent leurs jours dans la lutte pour
« la vie.

« Le reste de mon temps s'écoule entre de
« longues causeries avec ma mère et de fréquen-
« tes excursions dans nos campagees où je trace
« des esquisses que tu verras ; là je comprends

« combien, pour nous autres peintres, il y a de « difficultés à reproduire le ciel foncièrement « bleu de nos contrées, les arêtes saillantes de « nos montagnes, l'absence d'opacité de nos pay- « sages resplendissants de lumière et à faire « admettre ce réalisme pictural,— si je puis m'ex- « primer ainsi, — par le public habitué qu'il est « à des ciels estompés et à des tons moins chauds « que ceux du midi.

« Je compte me rendre à Hyères dans quelques « semaines et y séjourner le reste de la saison « d'hiver. Il y a là un aimant qui m'attire. De « quelle nature est cet aimant ? me diras-tu, je « te l'apprendrai plus tard, car je ne sais encore « s'il ne s'agit pas d'une illusion à laquelle je « m'abandonne follement.

« Je songe souvent à toi en regrettant que tu « n'aies pu m'accompagner ici ; serre de ma part « la main à nos amis et crois bien à ma vive « amitié. »

Paul consacra tout un mois à sa mère, mais un jour il lui annonça qu'il avait résolu d'explorer les sites pittoresques qui environnent Hyères en vue d'enrichir son album de nouveaux croquis.

C'était, bien entendu, moins le désir de visiter une contrée à lui presque inconnue, que le besoin de revoir les deux femmes dont le souvenir était si profond, qu'il n'hésitait point à s'éloigner de là où son cœur trouvait pourtant de douces satisfactions.

Ce n'est pas la vue fréquente et prolongée de l'objet d'une flamme qui amène l'amour ; ce maître mystérieux se glisse subitement dans notre cœur pour l'étreindre, souvent à notre insu, par une sorte de fluide magnétique irrésistible dont il ne nous est point donné de comprendre la puissance. Il suffit parfois d'un mot, d'un regard, d'un frôlement de main pour que notre être frissonne et s'éveille à l'amour que les anciens ont bien dépeint en le représentant avec des flêches et un bandeau sur les yeux.

Devons-nous admirer ou plaindre ceux d'entre nous qui arrivent à ne point sentir l'atteinte des flêches et à détacher le bandeau ? on ne sait !

Un matin donc, Paul dit adieu à sa mère, lui fit la promesse d'un prompt retour et cette fois encore il partit à pied, un album sous le bras, un bâton à la main, accompagné d'un jeune paysan porteur de sa valise et de ses accessoires de peinture.

III

Hyères. — Emerance,

Deux sentiments divins, partage de la jeunesse: l'espérance et l'amour, agitaient l'esprit du jeune touriste. Aussi commença-t-il allégrement l'excursion qui devait le conduire à Hyères.

Le ciel était pur, le soleil entouré de légères vapeurs s'élevait déjà au-dessus des collines qui bornent l'est du paysage en jetant sur la vallée et le sommet des pics de Fenouillet et de Coudon de magiques reflets. La menthe, le thym répandaient leur odorant parfum qu'une brise matinale soulevait dans l'air et le long des prairies, les paquerettes, les tulipes et les rosiers du Bengale aux couleurs tranchantes, attiraient le regard.

— Quelles ravissantes contrées se disait Verneuil, là-bas, dans le Nord, les arbres sont dépouillés de leurs feuilles, la terre est couverte d'un linceul de neige, ici, la vie végétale ne cesse de se produire !

Enfin l'artiste touche presque au terme de sa course ; déjà des cultivateurs attardés, la bêche sur l'épaule, hâtent leurs pas, quelques promeneurs circulent sur la grande route au bord de laquelle croissent pêle mêle l'aloès, le tabago et le laurier rose, des enfants gambadent en chantant et font pressentir le voisinage de la ville. Verneuil presse sa marche, il dépasse l'hôtel des Hespérides et tout à coup un splendide tableau s'offre à ses yeux et l'éblouit en quelque sorte.

C'est la vallée d'Hyères qui,— toute couverte de villas entourées de palmiers et de jardins où dominent l'oranger et le citronnier,— s'étend jusqu'à la mer scintillante sous les rayons du soleil; ce sont, au large, les îles d'Hyères plongées dans un flot de lumière.

Après quelques minutes de contemplation, Verneuil pénètre dans la ville et passant devant l'hôtel des Ambassadeurs, il s'y arrête et demande un appartement et à déjeuner. Il est résolu à ne rien visiter, à ne rien voir avant de retrouver Mme de Larcey et sa nièce.

Et il demeure tout le jour chez lui, autant pour se reposer que pour organiser son atelier.

Le lendemain, en traversant le jardin de l'hôtel, il entendit des domestiques nommer les dames de Larcey, il s'informa et acquit la certitude que ses compagnes de voyage étaient arrivées, quelles étaient là près de lui; cette circonstance toute simple lui sembla un heureux présage et il se hâta de leur adresser sa carte par un employé de l'hôtel.

Peu d'instants après Mme de Larcey lui envoya la sienne avec ces mots tracés au crayon : *sera charmée de revoir son compagnon de voyage.*

Au comble de la joie Verneuil traversa aussitôt un long corridor, une portière soulevée lui livra l'entrée d'un élégant appartement où de larges croisées avec balcon au midi, offraient à l'œil le merveilleux panorama de toute la vallée d'Hyères, — au milieu du salon se trouvaient les deux dames. Mme de Larcey l'accueillit avec un sentiment de plaisir qu'elle ne chercha pas à dissimuler. Quant à Emerance, un embarras et une timidité visibles se mêlaient aux quelques paroles de politesse qu'elle adressa à l'artiste qui prit aussitôt place dans un fauteuil près de Mme de Larcey.

La jeune femme lui parut séduisante. Elle n'avait plus le costume de voyage dérobant une partie de ses avantages personnels, sa taille se dessinait sous les plis gracieux d'une robe de soie gris perle, ses bras, nus depuis le coude, étaient d'une blancheur et d'un contour à faire envie au statuaire ou au ciseleur, sa main mignonne et potelée était celle d'un enfant, ses épaules, recouvertes d'une valencienne, laissaient deviner leurs formes arrondies et ses cheveux, relevés sur le bas de la tête par un peigne d'écaille, s'échappaient en deux nattes qui se jouaient sur ses épaules ; ses yeux bleus étaient voilés de longs cils noirs, comme pour en tempérer la vivacité et l'éclat et sur ses lèvres rosées resplendissait un sourire permettant d'entrevoir deux rangées de petites perles.

L'artiste aperçut tout cela d'un coup d'œil et resta plongé, durant quelques minutes, dans une muette admiration ; mais comprenant aussitôt toute l'inconvenance d'un plus long silence il sut, par un effort de volonté, reconquérir sa liberté d'esprit. D'ailleurs Mme de Larcey vint à son secours en parlant d'Hyères, des promenades qu'elle projetait et qu'elle comptait commencer bientôt avec sa nièce.

— Me permettrez-vous, madame, fit timidement Verneuil, de vous accompagner quelquefois ? je ne connais rien de ce pays où vous êtes née, m'avez-vous dit, je serais heureux de le visiter avec un de ses enfants.

— J'allais, monsieur, vous offrir ce que vous demandez, je serai votre *cicerone* à tous deux, si vous le voulez bien.

Verneuil s'inclina, charmé de la bienveillance de Mme de Larcey, bienveillance qu'il n'avait espérée aussi complète et qui, se produisant, le mit à son aise et le rendit par suite plus expansif. Il parla de sa mère, du bonheur qu'il avait éprouvé de la revoir — Mme de Larcey l'interrogea sur ses travaux. En quelques mots il fit part de ses études, de ses voyages, des sujets particulièrement choisis pour ses peintures, mais il garda le silence sur ses succès par une modestie que sembla apprécier Mme de Larcey qui lui dit :

— Votre précoce célébrité, monsieur, votre nom étaient venus jusqu'à nous, Émerance et moi avons bien souvent admiré vos tableaux exposés au Salon, vous ne nous êtes donc point étranger.

Cette causerie dura une heure environ, après quoi

Verneuil prit congé et rentra chez lui où, pendant le reste du jour, il se livra à ses craintes et à ses espérances, compagnes inséparables d'un amour naissant et d'un caractère timide.

IV

La Ville. — Les ruines du Château.

Deux jours après, onze heures sonnaient à peine au vieux clocher de St-Paul, quand Verneuil se présenta chez Mme de Larcey; ces dames, en toilette de ville, attendaient l'artiste. Tous trois sortirent de l'hôtel pour commencer une promenade projetée la veille.

Il passèrent sous une arcade — ouverture où se trouvait, dans les remparts, la porte de la ville ancienne — et arrivèrent par une rue montueuse sur la Place du Marché.

— Nous sommes, dit Mme de Larcey, en présence de l'Hôtel-de-Ville, construction qui a cela de remarquable qu'elle a été élevée au onzième siècle par l'ordre des templiers; derrière cet édifice se trouve la rue Rabaton où, en l'année 1663, est né Massillon, le célèbre orateur à la voix onctueuse et quelquefois tonnante : *Le Carême*, sorti de sa plume, est une œuvre remarquable, vous voyez d'ici le buste de ce prélat.

Les trois touristes continuèrent leur marche ascensionnelle à travers diverses rues étroites et atteignirent bientôt une sorte de terrasse appelée Barbacane, puis ensuite une place où est édifiée l'église St-Paul sur les ruines d'un temple dédié, dit-on, à Bacchus; les feuilles de vigne qu'on aperçoit encore dans la sculpture des chapiteaux confirment cette tradition.

Mme de Larcey semblait avoir retrouvé la légèreté de ses jeunes années; elle entraîna ses deux compagnons, plus haut encore, dans le quartier St-Bernard où s'élevait autrefois un couvent de ce nom dont il ne reste plus aujourd'hui que des vestiges, sur lesquels sont construites de chétives maisons habitées par la population pauvre de la ville; ces maisons ont toutes leur jardin où croissent pêle-mêle l'oranger, l'aloés le figuier de barbarie et le palmier avec ses larges feuilles se balançant au gré du vent, de sorte que cet ensemble a tout un cachet oriental.

Après avoir suivi un chemin qui les conduisit au point culminant de la montagne où se voit un tombeau moderne, celui de M. Valeran, un notable d'Hyères, les touristes gardant une sorte de religieux silence s'arrêtèrent en face des richesses et des beautés infinies qu'offre, de ce point élevé, l'aspect de la vallée d'Hyères vue dans son ensemble.

Mme de Larcey qui s'était recueillie un instant dans un sentiment: le souvenir de sa jeunesse écoulée dans ce pays, reprit la parole:

— Voyez, dit-elle, à notre droite Coudon,cette haute et robuste montagne à la tête dénudée semblant jeter un regard sur cette vallée, plus loin le mont Faron dont le versant est dentelé, heurté, brisé, plus loin encore la mer, la rade de Toulon et la montagne de Six Fours, plus près de nous, les ruines du château de la Garde, le mont Fenouillet qui abrite Hyères contre les vents froids, en face vis-à-vis de la mer, le mont Paradis, la Colle Noire, et la mer encore avec ses îles d'or derrière lesquelles, à l'horizon, l'œil rencontre un point nuageux : ce sont les montagnes de la Corse — à gauche un immence fouillis de montagnes à la fois pelées, vertes, abruptes, toutes nimbées par la lumière du soleil : ce sont les Maures qu'habitaient autrefois les peuplades de ce nom, autrement dit les Sarrasins et, vis-à-vis de nous, la vallée d'Hyères luxuriante de végétation et toute parfumée.

Étrange contraste, ici près de nous la solitude, une nature agreste, des tours démantelées, des murs crevassés enlacés par le lierre et la pariétaire, ces plantes des ruines ; en bas la vie avec ses agitations et ses luttes !

— Ne pourriez-vous, madame, fit Verneuil, nous donner quelques détails historiques sur Hyères et sur sa forteresse ?

— Volontiers, répondit Mme de Larcey, asseyons-nous.

Puis après quelques minutes elle reprit :

— L'historien Papon présume que la ville d'Hyères ne remonte pas au delà du sixième ou du septième siècle et quelle fut bâtie quand la ville d'Olbie, des Marseillais, ou plutôt des Phocéens, située du côté de l'Eoube, non loin de la mer, fut détruite par les Sarrasins.

Les premiers écrits qui font connaître l'existence d'Hyères ne datent que du dixième siècle; à cette époque elle portait le nom de *Nobile Cas-*

trum Æarum. Elle fut alors donnée,avec d'autres villes, par Bozon, comte de Provence et roi d'Arles, à Pons, son frère. Les descendant de ce dernier,portant le nom de Foz, eurent à défendre longtemps leurs droits et leurs seigneuries contre Ildefons, comte de Provence et plus tard contre Charles d'Anjou, aussi comte de Provence ; celui-ci,en l'année 1257,parvint à se rendre maître de la place d'Hyères après avoir transigé avec la Famille Foz à laquelle il céda en échange d'autres fiefs. Depuis lors Hyères fit partie du comté de Provence et cette province elle-même fut réunie à la France sous Louis XI dès l'année 1486.

. En 1254 St-Louis, suivi de courtisans et de chevaliers, débarqua à Hyères au retour de sa croisade.

En 1564 Charles IX vint en cette ville, accompagné de sa mère, de son frère.le duc d'Anjou et du roi de Navarre qui devint plus tard Henri IV.

Sous Henri III toute cette contrée fut dévastée par la guerre. Le comte de Carcès,grand sénéchal et lieutenant pour le roi dans ce pays, avait assemblé autour de lui une troupe de routiers carcistes, ils poursuivaient à outrance les réligionnaires qu'on appelait les Rasats ou Rasés. Les Hyérois exaspérés par les déprédations des carcistes les attaquèrent et les vainquirent. Le baron de Vins qui commandait ces derniers, furieux d'avoir été ainsi battu commença le siège d'Hyères, mais il se retira bientôt en face de la résistance opiniâtre qu'il rencontra.

En résumé la paix fut faite en 1596, mais la citadelle était démantelée et n'offrait plus que des ruines.

Le dernier fait à signaler est l'arrivée en cette ville de Louis XIV ; il admira le terrain fertile de la vallée.

Ce fut donc après 800 ans d'existence que cette place de guerre qui, jusqu'au XIIIe siècle fut beaucoup plus importante que celle de Toulon, que ce château fort, qu'envièrent plusieurs princes et que saluaient les pèlerins s'embarquant pour la Terre Sainte, tomba pour ne plus se relever.

— Ainsi, fit Emerance, après les luttes sanglantes, les gémissements des vaincus, la joie des vainqueurs il ne devait plus rester que quelques pierres grisâtres dispersées çà et là et un souvenir que perpétuent les pages poudreuses de l'histoire ; telle est la fragilité des choses humaines !

Les touristes, après avoir jeté un dernier

regard sur la vallée, allaient reprendre le chemin qui les avait amenés, lorsque l'attention de Verneuil se concentra sur un pan de mur où se trouvaient des vers tout fraîchement gravés; les dames s'étant rapprochées, il lut à haute voix :

« Je revois chaque jour ces riantes vallées,
« Que coupent des ruisseaux et de longues allées
« En me disant parfois, le cœur plein de soupirs :
« Au lieu d'amers soucis, fruit d'incessants désirs
« Dont l'âme se repaît au milieu de la ville,
« Pourquoi ne préférer le séjour plus tranquille
« De l'existence aux champs, en son paisible cours,
« N'avoir d'autre penser que de bénir toujours
« Le Créateur qui fit tant de choses si belles :
« Des heures de soleil et des saisons nouvelles !

— Un poète inspiré par ce ravissant panorama a tracé ces vers, fit Emerance ; il dit vrai, mais l'époque actuelle avec les labeurs, les luttes et les rivalités qu'elle entraîne, nous éloigne de plus en plus de l'existence qu'il nous fait entrevoir.

Tous trois descendirent vers la ville.

Le soleil touchait presque à l'horizon et jetait en s'enfuyant, sur la crête des collines et sur le sommet des eucalyptus, des teintes chatoyantes de pourpre et d'or, tandis que le fond de la vallée s'enveloppait insensiblement des grandes et mélancoliques ombres de la nuit.

Les touristes silencieux rentrèrent à l'hôtel, et

Verneuil salua ses deux compagnes en leur exprimant le désir de se joindre à elles le jour suivant.

— C'est entendu, répondit avec bonté Mme de Larcey, à demain une promenade nouvelle.

V

La grotte des fées. — L'hermitage. — Les Iles d'Hyères. — Olbie. — Le roi Nann.

C'était toujours avec bonheur que l'artiste voyait approcher l'instant où il devait se trouver en présence d'Emerance, de cette femme qui semblait résumer à elle seule l'espoir de sa vie, les plus suaves aspirations de son âme. La veille, et sans qu'elle s'en doutât, il avait suivi son regard intelligent et attentif, soit lorsque Mme de Larcey retraçait l'histoire d'Hyères, soit lorsqu'elle faisait contempler le paysage qui s'offrait à leurs yeux.

Ainsi, chaque jour, il allait pouvoir admirer la jeune femme ; mais cette admiration il sentait qu'il devait l'enfouir dans le fond de son cœur, car, pensait-il, si en échange d'un aveu elle allait me bannir d'auprès d'elle que ferais-je, mon Dieu !

Et sa mère, l'artiste l'oubliait-il au milieu de telles préoccupations ? non, il y songeait bien souvent ; mais rappelons-nous que le cœur est ainsi fait : De ce qu'il contient d'affection envers ceux qui nous ont donné le jour, une partie s'en détache toujours, à son heure, pour se fixer sur un être plus jeune. La jeunesse c'est l'avenir avec son cortège de lumineuses espérances, la vieillesse c'est le passé avec ses tristesses et ses désillusions. L'amour descend toujours dans la chaîne des êtres et ne remonte jamais !

Verneuil, tout en s'encourageant au silence, aborda le lendemain ses deux compagnes qui déjà s'apprêtaient à sortir.

— Arrivez, dit en souriant Mme de Larcey dès quelle aperçut l'artiste, cette petite enthousiaste des beautés d'Hyères, ne m'a-t-elle pas réveillée avant le jour...

— Oh ! ma tante, il était sept heures.....

Et une teinte de rougeur colora le visage d'Emerance.

— Partons, fit Verneuil en s'adressant à la jeune femme, puis se tournant vers Mme de Larcey : — à vous, Madame, le soin de diriger notre promenade.

— A la Grotte des fées et à l'Hermitage, dit Mme de Larcey.

Tous trois quittèrent l'hôtel et parvinrent bientôt, après avoir traversé un pont jeté sur la rivière Gapeau, dans un sentier bordé de pins qui les amena devant une élévation de terrain où se voyait une large ouverture.

— La grotte des fées ou *trau dei fados* en provençal — fit Mme de Larcey — cette grotte a quatre-vingts pieds de long sur trente ou quarante de large, on y voit d'énormes blocs de pierres calcaires et d'albâtre mêlés confusément. Au moyen-âge, la superstition populaire faisait de cette grotte la retraite de quelques fées. Désirez-vous y pénétrer?

Les deux jeunes gens firent entendre qu'ils préféraient visiter l'hermitage qui se trouve plus haut sur la même route. En peu de temps ils parvinrent au sommet d'un monticule et pénétrèrent dans l'édifice religieux.

Les murs de cette chapelle sont couverts d'objets pieux offerts à la Vierge par la foi de ceux qui l'ont invoquée. Un grand tableau du maître-autel attira l'attention de Verneuil ; ce tableau attribué à Puget, représente les apôtres visitant la tombe du seigneur après sa résurection.

Ils sortirent de l'église et s'arrêtèrent sur une vaste terrasse d'où l'on découvre la mer et les îles d'Hyères.

— Ces îles, au nombre de trois, dit Mme de Larcey, s'appelaient dans l'antiquité *Stœchades*, îles d'Or au moyen-âge et aujourd'hui îles Porquerolles, Port-Cros et du Levant, elles servirent momentanément de refuge à l'empereur Claude fuyant une violente tempête.

Aux premiers siècles du christianisme, il y avait là une succursale du monastère de Lérins.

Au XIIIe siècle Isabeau, fille de saint Louis et femme de Thibaud, comte de Champagne, y mourut de chagrin après la mort de tous les siens.

Longtemps ces lieux restèrent déserts jusqu'à l'arrivée d'un moine, vulgairement appelé le Monge des îles d'Or, qu'un amour malheureux amenait à rechercher l'isolement. Il était à la fois peintre et poète. Il n'est resté de lui qu'un recueil de poésies provençales et quelques histoires de troubadours, il mourut en 1408.

En l'année 1505 une peuplade de Maures aborda de nouveau les îles et en 1549 elles furent données par Henri II au baron de Roquendorff, pour le récompenser de ses services et de sa fidélité. Ces îles sont aujourd'hui cultivées et peuplées.

Mme de Larcey fut interrompue par l'arrivée d'un domestique de l'hôtel qui apportait les éléments d'un déjeuner frugal qu'elle avait commandé.

— Vous admettrez, certainement, fit-elle en souriant à Verneuil, que les touristes ne doivent point se borner à la simple pâture du grand air et que quelque chose de plus substantiel n'est point à dédaigner. Partagez donc avec nous ce modeste repas.

Tous trois s'assirent gaiement sur l'herbe et prouvèrent bientôt que leur *cicerone* avait raison.

Le repas achevé, Verneuil dit à Mme de Larcey :

— Lors de notre dernière excursion, en nous retraçant l'histoire d'Hyères, vous avez nommé Olbie, ville grecque dont les ruines se trouvent non loin d'ici, au bord de la mer, ne pourriez-vous nous en parler ?

— Je me joins à monsieur, fit Emerance, pour vous prier, ma tante, de nous dire ce que vous savez sur cette cité disparue.

— Prenez garde, répondit Mme de Larcey, en souriant de nouveau, vous pourriez peut-être regretter votre demande, car en y satisfaisant je serais obligée de remonter bien haut dans les âges passés.

— Nous ne regrettons jamais, madame, reprit Verneuil, ce qui vient de votre gracieuseté.

— Nous vous écoutons, fit Emerance.

— Je commence donc.

LE ROI NANN

ÉPOQUE GALLO-GRECQUE

La Provence devait être une singulière contrée quand les Ligures — ce qui en langue celtique signifie hommes de mer — l'occupaient sous le nom générique de Gaulois.

En ce temps là peu de plaines étaient cultivées et d'immenses forêts étendaient leurs dômes de verdure jusqu'au bord de la Méditerranée.

Ça et là, dans une position à l'abri des vents, se dessinait un assemblage de huttes sombres, aux murailles d'argile, comme pour rappeler, avec les nombreux oiseaux dont le vol s'élevait à travers l'espace, que la végétation n'était pas seule à animer de vastes plateaux et des collines tantôt abruptes, tantôt arrondies. — Au loin se découvrait la crête d'une haute montagne qui semblait placée là pour servir de guide aux rares voyageurs, assez hardis pour s'aventurer dans ces terres vierges, de même que différents fleuves tels que le Rhône au large lit, le Var aux eaux torrentielles *variables*, la Durance impétueuse, étaient des chemins tracés par la nature qu'utilisaient également les voyageurs se dirigeant soit vers le nord, soit vers le sud.

La Gaule méridionale avait par conséquent un tout autre aspect que de nos jours où de riantes bastides, avec leurs persiennes entr'ouvertes, leurs frais ombrages, s'étalent au soleil tandis que de larges champs de vigne sont entourés d'oliviers ou de pins au feuillage persistant, éternellement vert.

C'était le même doux climat, le même ciel bleu, la même mer scintillante, brisant ses vagues à l'angle de quelques sombres rochers ou sur une plage sablonneuse, calme et solitaire ; le thym, le romarin, le myrte et la violette répandaient bien dans l'atmosphère leur parfum embaumé se mêlant à la senteur des pins, mais l'art transformateur, l'art n'avait point encore mis la main à cette agreste nature.

La Provence, si l'on peut s'exprimer ainsi, était alors une fière paysanne aux formes athlétiques, au teint brûlant, aux habits grossiers, mais aujourd'hui, vêtue à l'orientale avec ses palmiers, ses orangers et ses aloès, c'est une reine joignant à son imposante beauté native, l'éclat éblouissant des magnificences royales.

A l'époque à laquelle remonte ce récit, les bords de la mer étaient fort habités dans les parages ou de larges baies offraient des ports naturels aux barques de pêcheurs, car les Saliens, peuple d'une partie des côtes liguriennes, se livraient à la pêche, ainsi qu'à la fabrication du sel.

Les Saliens, vaillants à la guerre, demeuraient très pacifiques en temps ordinaire, alors ils quittaient volontiers leurs armes et revenaient à leurs occupations paisibles.

Ils aimaient le soir à se réunir en famille, à écouter la voix improvisatrice du Barde et les sons du rote mélodieux. Hésus, le dieu tout puissant, leur inspirait autant de respect que de crainte et le Druide par sa parole sentencieuse et prophétique avait leur vénération et leur confiance.

L'étranger, le voyageur attardé, recevaient d'eux une hospitalité empressée ; ceux-ci n'avaient point à apprendre à leurs hôtes quelle contrée les vit naître, quelle nécessité les avaient obligés de s'éloigner de leur foyer, ni vers quels lieux ils dirigeaient leurs pas ; ils étaient épuisés de fatigue, c'était assez pour que des mets fussent offerts, ainsi qu'une couche fraîchement préparée pour la nuit.

Et puis si ce même étranger, assis à la place d'honneur, voulait bien, après avoir satisfait un violent appétit excité par de longues marches, faire à ses hôtes le récit de ses aventures, de ses périls à travers les contrées lointaines, il trouvait en eux d'attentifs auditeurs.

Le culte des Saliens, dépouillé de sa barbarie première, était doux. Les Druides remplissaient les fonctions de ministres de la religion, d'éducateurs de la jeunesse et de magistrats de la nation ; la morale qu'ils prêchaient, toute onctueuse et basée sur des principes de paix, contribuait à polir le caractère et les mœurs du peuple.

Chaque tribu ou bourgade avait un chef qui recevait, aux jours de danger, les ordres d'un chef supérieur ou roi choisi par les Saliens eux mêmes parmi les hommes les plus estimés par leur bravoure et leur savoir.

Un de ces chefs, ayant le nom de Nann, exerçait depuis longtemps le pouvoir souverain. Nann n'avait point de cour et de garde d'honneur, il ne possédait ni palais ni richesses ; son existence était la même que celle des plus simples pasteurs. Il chassait peu, l'âge ayant affaibli ses forces et la rapidité de son coup d'œil, son occupation ordinaire se bornait à élever ses troupeaux et à jeter ses filets à la mer en compagnie de pêcheurs.

Nann était vénéré par le peuple Salien à ce point qu'il n'y avait pas jusqu'au plus humble pêcheur qui n'eût sacrifié sa vie pour sauver celle de ce bon roi. Partout où il passait les mères le montraient à leurs enfants, les vieillards lui serraient la main et les jeunes gens se prosternaient avec respect.

Nann aimait les joies de la famille... mais,

hélas ! il ne lui restait de tous les siens qu'une fille, âgée de vingt ans, belle comme une matinée de printemps, douce comme le climat qui l'avait vu naître. Nann chérissait cette enfant, appelée Gyptis, autant qu'un père peut chérir sa fille ; c'était sa consolation, sa dernière espérance.

La demeure de Nann était située à Arles ou à Riez, en hiver, et l'été non loin de la mer, près de l'Huveaune, rivière bordée de grands arbres, c'était là qu'avec Gyptis ils s'entretenaient des merveilles de ce monde et des contrées lointaines que Nann avait parcouru dans sa jeunesse.

Le roi Salien avec ses cheveux noués sur la tête à la manière gauloise, le front large, le nez droit, les narines espacées, les yeux grands et une longue barbe blanche et épaisse, avait une belle et grave physionomie.

Il fallait le voir les jours de réunion publique, quand toutes les tribus se trouvaient assemblées dans la plaine pour recevoir ses ordres, il fallait le voir la tête haute, la démarche fière, parcourir les rangs des principaux Saliens.

Il était alors vêtu d'une *saie* aux larges manches brodées d'or et d'une *braie* en fine étoffe de laquelle pendait une épée au fourreau richement ciselé, costume qui rehaussait encore la noblesse de son visage.

Nann et Gyptis, avec leurs goûts modestes, vivaient aussi satisfaits que l'eussent été les princes d'un puissant empire; pourtant la jeune fille avait remarqué depuis quelque temps que son père paraissait absorbé par une préoccupation non habituelle; désirant partager ses pensées, un soir qu'il venait de raconter une aventure de sa jeunesse, elle lui dit :

— Ce souvenir vous rend joyeux, mon père, qu'Hésus m'entende ! je voudrais vous voir toujours ainsi.

— Que veux-tu dire ? demanda Nann avec surprise.

— Je remarque parfois de la tristesse sur vos traits, cela m'afflige.

Le front du roi s'assombrit. Il demeura quelque temps pensif puis ses yeux, qu'il avait soudainement baissés, se portèrent sur Gyptis avec une ineffable expression de tendresse et celle-ci vit alors une larme rouler le long de ses joues.

— Vous êtes ému, mon père, s'écria-t-elle.

Et la charmante enfant se jeta dans les bras du vieillard.

— Gyptis, fit Nann, tu dois songer à faire choix d'un époux... à nous séparer... comprends-tu ?

La jeune fille dit avec un accent de reproche :

— Pourquoi m'éloigner de vous, qu'ai-je fait pour mériter une telle résolution ?

— Divers prétendants à ta main sont déjà venus me prier de faire préparer le repas des fiançailles où tu présenterais à l'un d'eux la coupe sacrée.

— Et qu'avez-vous promis ?

— Que ce repas aurait lieu.

Gyptis qui s'était affligée tout d'abord en songeant à ce repas — à la suite duquel une jeune salienne désigne l'époux de son choix — resta un instant silencieuse, mais une pensée subite lui vint à l'esprit — c'est bien, fit-elle froidement.

Elle venait de décider qu'elle n'offrirait la coupe à aucun des prétendants, tous lui étant indifférents.

— Le vieux roi sembla deviner la détermination de sa fille.

— Enfant, reprit-il avec un doux accent dans la voix, je suis très avancé dans la vie, tu peux me perdre bientôt, je voudrais, en quittant ce monde, emporter la pensée que je ne te laisse point seule ici-bas.

Gyptis vivement émue ne répondit rien, elle se borna à presser de ses lèvres la main de son père.

Nann cessa l'entretien et lentement ils reprirent tous deux le chemin de leur demeure.

Le lendemain matin, à peine le jour paraissait-il, que quelques coups frappés à l'extérieur de son habitation retentirent aux oreilles de Nann.

Un chef garde côte se présenta et lui apprit que la veille ses camarades avaient signalé à l'horizon un vaisseau s'avançant lentement vers le rivage.

— Le soir, ajouta le garde, nous pûmes mieux distinguer ce vaisseau. Alarmés de son apparition nous préparions les moyens de défense contre un débarquement possible, lorsque nous vîmes une embarcation se détacher du vaisseau et s'avancer dans notre direction. Les hommes qui montaient cet esquif nous saluaient de la main et agitaient un feuillage en signe de paix. Plusieurs d'entre nous se rendirent à leur rencontre pour apprendre le motif de leur venue dans nos eaux ; un des matelots, parlant notre langue, nous informa qu'ils étaient Grecs, qu'aucune intention hostile ne les conduisait vers nous et que leur chef désirait s'entretenir avec le notre. Il nous pria de vous en aviser et l'embarcation s'éloigna.

Nann réfléchit quelques instants puis il dit :

— Laissez venir vers moi le commandant de ces Grecs, il veut me parler, je dois l'entendre, allez et revenez suivi de cet étranger.

Quelques Saliens vinrent ensuite conférer avec le roi sur l'apparition du vaisseau. Pendant ce temps Gyptis alla procéder à sa toilette pour faire honneur à son père aux yeux du visiteur annoncé.

Quand elle fut prête, quand les nattes de ses cheveux blonds furent en liberté sur ses épaules, que sa robe aux longs plis fut enserrée autour de sa taille svelte elle se présenta à Nann qui lui sourit en la voyant si gracieusement parée.

Bientôt s'avança un groupe de Saliens au milieu duquel se distinguaient les Grecs la tête ceinte d'un casque d'airain. Ces derniers avaient une physionomie martiale, une démarche noble, chacun d'eux tenait à la main une branche d'olivier.

Lorsqu'ils furent proche, leur chef, homme dans la fleur de l'âge, s'inclina respectueusement devant Nann et lui adressa en gaulois les paroles suivantes :

— Roi vénérable, vous voyez devant vous d'humbles étrangers, originaires de cette partie fortunée de la Grèce appelée Ionie, notre demeure était à Phocée, ville maritime. Des dissentions politiques survenant dans notre patrie, nous fûmes au nombre de ceux dont le parti fut vaincu et persécuté ; ne voulant plus longtemps habiter une contrée où il n'y avait pour nous que d'amers regrets et de tristes souvenirs, nous nous en sommes exilés. Votre doux climat, votre sol fécond, nous ont fait songer, mes compagnons et moi, à venir y chercher un refuge, une nouvelle patrie.

Nous savions que votre peuple est hospitalier et nous nous sommes dit : près de lui nous oublierons nos malheurs, notre savoir, nos richesses seront mis à leur disposition, ils deviendront nos alliés, nos amis, nos frères et notre cri dans les combats sera comme le leur : vive la Gaule !

— Vive la Gaule ! répétèrent les Grecs.

Le discours qui précède, prononcé avec tristesse, fit impression sur l'auditoire, sur Gyptis et sur Nann dont l'âme sensible s'attendrissait toujours au récit des calamités humaines.

— Grecs, Phocéens, répondit-il, le récit de vos malheurs m'a touché, vous surtout, jeune chef, vous m'intéressez, vos paroles respirent la sagesse, votre voix est persuasive... vous l'avez dit : notre ciel est beau, notre cœur est compatissant. Les Grecs, peuples industrieux que j'ai pu apprécier il y a longtemps déjà, pendant un séjour parmi eux, attirent mes sympthies ainsi que celle des Saliens qui ont appris par moi à admirer leur vaillance, leur amour des arts... cependant je ne puis aujourd'hui rien décider à votre égard, je dois consulter nos chefs de tribus.

Il dit et sa parole, qui retentit aux oreilles des Grecs, porte l'espérance dans leur cœur.

— Merci, merci de votre bienveillant accueil, fit le jeune Grec, vous paraissez vous intéresser à nous, à moi, noble et respectable roi. Je dois vous apprendre quel est mon nom et ce que je suis : on m'appelle Euxène, ma vie s'est passée jusqu'ici dans l'étude du commerce, de la navigation et dans celle des mœurs et des langues étrangères. J'ai cherché à travers l'histoire des peuples des enseignements qui pussent servir au bonheur de ma patrie, j'espérais faire part de mes lumières à mes concitoyens et m'illustrer en accomplissant cette tâche, mais les Dieux en ont décidé autrement.

Un silence se fit, puis Euxène reprit :

— Permettez-nous, O roi ! de vous offrir quelques-uns des produits de nos contrées ; ce sont des boucliers dont l'airain recouvre l'épaisseur et où l'ouvrier a déployé tout son art, c'est pour vous une cuirasse aux cannelures d'émail, d'or et d'étain, un casque étincelant à flottante crinière, ce sont des étoffes...

— Gardez ces présents, interrompit Nann avec douceur, mes guerriers et moi nous ne saurions que faire de vos splendides armures, ne craignant la mort, nous combattons la poitrine découverte ; quant aux riches étoffes, ma fille seule en pourrait faire usage, mais elle ne peut les accepter, dès l'âge le plus tendre je l'ai accoutumée à se vêtir simplement, le luxe lui serait incommode.

Euxène avait porté ses regards sur Gyptis, il fut frappé de sa beauté. La jeune Salienne rougit en se voyant considérée et elle baissa les yeux.

— Revenez vers nous pendant plusieurs jours,

ajouta Nann. Dans une fréquentation réciproque vous apprendrez mieux nos lois, nos mœurs et à notre tour, nous apprécierons vos projets et vos désirs.

Les Grecs s'inclinèrent. Le roi les fit accompagner jusqu'au rivage. Il atteignirent bientôt leur vaisseau.

— Mon père, dit Gyptis, lorsqu'elle fut seule avec Nann, ces étrangers semblent dignes d'intérêt, leur chef m'a émue par son récit...

Nann prêta peu d'attention aux paroles de sa fille et il alla reprendre le cours de ses occupations.

Le jour suivant Euxène revint vers le roi Salien, celui-ci l'accueillit avec bienveillance et lui offrit une collation frugale par les soins de Gyptis.

Le jeune Grec parut charmé de cette cordiale réception, la simplicité de la vie du roi pasteur excitait son admiration. Contemplant la mer et le site qui l'environnait il s'écriait avec émotion :

— Terre splendide, ciel bleu comme celui de l'Ionie, ma patrie bien-aimée,oh ! combien ici les tristesses du souvenir pourraient s'effacer pour moi...

Le son doux et triste de sa voix impressionna les assistants et Gyptis plus particulièrement.

— Je suis sensible à l'intérêt que vous semblez m'accorder jeune vierge, dit-il à celle-ci. Vous êtes heureux, O roi ! de posséder une gracieuse enfant dont l'âme est compatissante.

Et Euxène reporta ses regards sur Gyptis rougissante qui cacha sa blonde tête sur le sein de son père.

Selon le désir que Nann avait exprimé, Euxène se rendit à diverses reprises auprès de lui. Il le suivait dans ses travaux et parfois tous deux assis sous le chêne révéré, le jeune Grec écoutait la parole du vieux roi l'initiant aux usages et au culte des peuples de la Gaule méridionale, usages et culte dépouillés alors de leur barbarie première.

— Bien que toujours prêts à défendre nos foyers, lui disait Nann, nous chérissons l'existence sur mer et dans les forêts où sont nos demeures ; il y a pour nous de l'harmonie dans le bruit du vent qui les traverse, comme dans le mugissement des flots, les vastes solitudes parlent à notre esprit, à nos sens, aussi bien que pour vous résonnent doucement à vos oreilles les voix humaines retentissant sous vos portiques de marbre ou le son de la lyre dans vos somptueux palais. Les larges horizons semblent nous entretenir de choses sacrées et à l'ombre de nos bois nous songeons à ces astres lumineux au sein desquels nous devons pénétrer après la mort. La divinité vous paraît mieux honorée dans vos temples où le ciseau de l'artiste enfante des chefs-d'œuvre, nous, au contraire, adorons cette divinité au milieu des forêts et à la face du ciel, loin de froides murailles qui arrêtent les yeux et bornent la pensée.

— Votre culte est en vérité plus consolant que le notre, répondait Euxène ; la mort est pour vous un nouveau commencement d'existence tandis que, selon notre croyance, la mort ne laisse de nous qu'une vaine image, fugitive comme un songe, se plongeant dans d'éternelles ténèbres.

— Nous avons une telle foi dans la survivance de notre être, ajoutait Nann, que nous nous faisons un jeu de la vie qui n'est qu'un passage pour retourner vers la chère patrie, vers ces mondes qui scintillent au-dessus de nos têtes dans les splendeurs des nuits.

C'était en de semblables entretiens que Nann et Euxène apprenaient à se connaître et s'estimer mutuellement.

Un jour le roi Salien dit au jeune étranger.

— Quels seraient vos desseins si vous fondiez une colonie dans nos contrées ?

— Nous nous consacrerions à l'agriculture et au commerce, nous apprendrions à votre peuple à semer et récolter le blé, à cultiver la vigne, l'olivier, le figuier, végétaux que dans vos voyages vous avez pu apprécier, nous chercherions à rendre la Ligurie riche et productive.

Aux autres questions du roi sur ses projets, Euxène répondait toujours dans le même sens, sans dévoiler toutes ses pensées ambitieuses qui l'eussent peut-être fait bannir de la Gaule.

En effet, en abordant la plage Salienne, Euxène poursuivait un but : jeune, riche, aimant la vie aventureuse, les voyages, la gloire, il avait longtemps cherché le moyen de se créer un grand nom ; ayant été comme il l'avait dit, mêlé à des dissentions politiques, sa liberté, ses jours se trouvant menacés, il songea à cette partie des Gaules que baignait la mer, qu'habitaient des peuples hospitaliers, un pressentiment lui fit comprendre que c'était là qu'il pourrait fonder une colonie, établir un puissant commerce, bâtir une grande ville non loin de l'Espagne et de l'Italie, en face de l'Afrique.

Il communiqua ses projets à quelques-uns de ses compatriotes qui les adoptèrent avec ardeur et jurèrent de le suivre.

Avec ses richesses et celle de ses compagnons, Euxène, que des historiens appellent aussi Protis, fit construire un vaisseau, se procura des vivres, des charrues, des instruments de pionniers et un matin, la voile de son navire tendue au vent, il partit du port de Phocée.

Ce départ avait une sorte de grandeur, ces hommes allaient conquérir un pays lointain, non point avec la haine au cœur et les armes à la main, mais avec des pensées de paix et de travail.

Lorsque le jeune Grec eut pu apprécier le roi pasteur il se sentit attiré vers lui par une sorte de lien sympathique. Il fut touché du paisible tableau que lui offrait ce vieillard vivant sans faste, parlant sans orgueil. Et puis cette Gyptis si belle et si timide attirait son attention, excitait son intérêt, il ne l'avait aperçue que rarement, pourtant il y songeait toujours.

A quelque temps de là, Nann dit à Euxène, au moment où ce dernier prenait congé de lui :

— Demain, ma fille dans une cérémonie, inconnue de vous, doit faire choix d'un époux. Les étrangers sont du nombre des invités..... vous viendrez...

— Qu'entends-je ! interrompit Euxène avec une sorte d'émotion dans la voix.

Nann le considéra en silence, il comprit qu'Euxène aimait Gyptis.

— A quoi servirait de l'interroger, pensa-t-il, Gyptis ne répond certainement point au sentiment qu'éprouve cet infortuné jeune homme.

Euxène fit un effort sur lui-même, il promit au roi de se rendre à son invitation et il se dirigea vers son vaisseau, en proie à une vive émotion.

— Gyptis, fit Nann, en retournant vers sa fille sur le front de laquelle il déposa un baiser, c'est demain le jour de tes fiançailles ..

— Je le sais, mon père, dit-elle bien bas.

— Réfléchis au choix que tu dois faire,

songe que c'est de lui que dépend le bonheur ou le malheur de ta vie.

La jeune fille entoura son père de ses bras, elle semblait vouloir lui confier un secret, mais elle n'osait parler.

— Enfant, tu es émue... n'as-tu rien à me dire?

— Je dois tout vous avouer, mon bien-aimé père, eh bien! l'époux de mon choix sera Euxène, le chef des étrangers.

— Lui! s'écria Nann, qui se dit en lui-même : Il est vaillant, généreux, je comprends qu'il soit aimé.

— Croyez-vous qu'il accueillera la coupe sacrée?

— Espère, se borna à répondre le roi avec un malicieux sourire.

Le lendemain, dès l'aube, il y eut dans la demeure de Nann et à l'entour un mouvement inusité.

Cinquante jeunes Saliennes vinrent assister

Gyptis et dresser sur un tertre ombragé les apprêts du festin.

Arrivèrent ensuite les délégués des tribus, à longue barbe, à tenue imposante. On remarquait parmi eux des Camatulliciens de Toulon, et de St-Tropez, des Oxibiens d'Antibes, des Albiciens de Riez, des Avaticiens de Berre, et des Anatiliens des bords du Rhône.

Puis on vit apparaître les prétendants à la main de Gyptis, tous jeunes et éprouvés dans les combats.

Un Barde, parent de Nann, pénétra le dernier à travers la foule qui s'écarta avec respect. Sa taille était haute, ses traits accentués et sur son front proéminant, l'intelligence semblait rayonner.

Nann, accompagné des chefs de tribus, vint occuper à table la place d'honneur, en indiquant à chacun celle qu'il lui assignait. Le Barde fut mis à sa gauche et le côté droit, selon l'usage, demeura réservé à un étranger.

Enfin Euxène, la démarche lente, la tête penchée sur la poitrine, se présenta sur le lieu du festin.

Un long combat avait agité son cœur depuis la veille.

— J'aime Gyptis, s'était-il dit, ses grâces sans apprêt m'ont captivé. Elle n'a point comme les femmes de la Grèce de riches atours, l'art trompeur n'ajoute rien à ses attraits; c'est une enfant des forêts, grave et sévère comme elles! heureux sera celui quelle accompagnera dans le chemin de la vie.

Euxène d'abord résolu à ne point assister au festin et frémissant à la pensée de voir Gyptis appuyée sur le bras de l'homme désigné par elle, finit par se décider à accepter l'invitation du roi, il pensa que son absence serait une injure faite à la nation qui l'avait jusqu'alors accueilli favorablement et ferait, peut-être, échouer ses projets d'établissement dans la Gaule.

Il s'était donc arrêté à cette dernière résolution.

Il s'assied sur l'invitation de Nann, en laissant non loin de lui ceux de ses compagnons qui l'ont suivi. Du regard il cherche vainement Gyptis, mais le roi qui l'observe lui dit :

— Courage, espoir !

— Que signifient ces mots? pense Euxène, comprendrait-il mes sentiments, Gyptis m'aimerait-elle ?

Il leve alors les yeux au ciel et s'écrie tout bas:

— Dieux tout puissants protégez-moi et toi chaste Diane si tu exauces mes vœux, si Gyptis me choisit, je te dédierai la ville que je veux fonder, un temple majestueux te sera élevé et sur tes autels fumera un encens éternel !

Plus calme après cette prière, il attend.

C'était dans sa simplicité, un étrange spectacle qu'offrait cette fête presque religieuse où se voyaient des hommes de tous âges, à figure expressive, à costumes divers, tels que la saie gauloise à côté de la tunique grecque et de la robe du Barde.

Les rayons du soleil, perçant à peine l'épais feuillage des chênes et des pins, répandaient une sombre clarté sur l'ensemble du tableau et donnaient un caractère imposant à son aspect rustique.

Après le repas presque silencieux, des vierges, la tête ceinte d'une couronne de myrte, cachée à demi par les pans onduleux d'un voile, s'avancent en chantant un hymne à Hésus, pour le conjurer de guider le choix de Gyptis, pendant que de jeunes enfants jonchent le sol de fleurs odorantes.

Le chant des vierges cessant, le regard des assistants se porte sur le Barde. On le prie de se faire entendre.

— J'élève rarement ma voix au milieu des fêtes, répond-il, rappeler les exploits des guerriers, évoquer le souvenir des victoires et des défaites, entrainer au combat, exciter dans les âmes le désir, le besoin des grandes choses, telle est ma mission ; cependant en l'honneur de Gyptis, l'enfant de notre roi vénéré, je chanterai.

Il demande un rote qu'on remet en ses mains, il l'accorde, réfléchit un instant puis, au milieu d'un religieux silence, il improvise, d'une voix grave et retentissante, un chant dont le sujet est la sympathie des cœurs et il finit par une sorte d'invocation dont voici le sens :

« Homme ! Dieu voulant t'éprouver te dévolut « la souffrance et la lutte, mais il plaça en ton esprit « l'intelligence et en ton âme une flamme céleste : « l'amour qui adoucit les tourments, charme « l'existence et rend puissant et fort..... sois « donc, sois donc aimant pour être heureux !

« Homme ! si tu souffres impatiemment ici-bas,

« si les sentiers de la vie ne te semblent offrir que « des épines, si tu maudis le jour, c'est que tu « as laissé le mal glacer ton cœur, c'est que tu « ne sais aimer et qu'on ne saurait t'aimer... « malheur, malheur sur toi !

« Homme ! vois ceux dont l'âme exhale l'amour, « — ferme est leur regard, douce est leur voix, ou- « verte est leur main, ils aiment, ils sont ou se- « ront aimés ; bénis, bénis sont ceux-là ! »

Le Barde se tait, son instrument demeure muet et la foule impressionnée, attentive porte ses regards vers l'habitation de Nann d'où Gyptis sort à pas lents.

Un voile blanc couvre son visage qu'on distingue encore, elle tient une coupe d'or remplie d'un breuvage où le *Gui* sacré a trempé.

— Ceux qui aspirent à la main de Gyptis, s'écrie le Barde, jurent-ils, de respecter le choix qu'Hésus va lui dicter?

— Nous le jurons, s'écrient les prétendants.

Gyptis s'approche pendant que les vierges recommencent leur chant. La fiancée demeure un instant immobile, ses yeux cherchent Euxène dont le cœur est agité, dont le visage est empreint de pâleur.

Un nouveau silence se produit. Gyptis fait

lentement le tour de l'immense table du festin et chaque aspirant à sa main, quelle dépasse, conçoit une espérance suivie d'une déception. Elle est près d'Euxène, s'arrête, lui tend la coupe qu'il saisit aussitôt et porte fiévreusement à ses lèvres.

Un cri d'étonnement retentit, mais il est aussitôt étouffé par la voix des vierges qui se fait encore entendre.

Euxène, ivre de bonheur, se jette aux pieds de Gyptis en embrassant les pans de son voile.

Nann se dresse, s'avance vers les fiancés qui s'agenouillent devant lui; il pose ses mains au-dessus de leur tête et les yeux levés vers le ciel, il prononce ces mots d'une voix solennelle :

— Teutates! Dieu bon et juste, vous qui protégez les faibles humains, qui les conduisez à travers les mondes, exaucez la prière d'un vieillard, veillez sur ces enfants, faites que ce jeune Grec ait une existence longue et prospère, que Gyptis, ma fille bien-aimée, ne connaisse que la félicité, que ses lèvres n'expriment que la joie de son cœur, bénissez-les, mon Dieu!

Le roi profondément ému porte ensuite ses regards sur Euxène et lui dit, en désignant Gyptis :

— Fais-la heureuse et souviens-toi, ce qui n'est pas dans les mœurs de ta nation, que la femme Gauloise est l'égale de l'homme, qu'elle ne le quitte ni dans la joie, ni dans la douleur ; ni au foyer, ni au combat.....

— Je jure devant les Dieux tout puissants, s'écrie Euxène, de ne jamais me séparer de Gyptis.

Le roi joignant alors la main des deux époux leur dit :

— Au nom d'Hésus, soyez unis !

Vers le soir Euxène s'entretint avec les chefs de tribus, de ses projets d'établissement déjà connus d'eux et il parvint à obtenir leur approbation que Nann fut heureux de sanctionner.

Peu de temps après l'union d'Euxène et de Gyptis, on voyait s'élever sur les bords de la mer les premières fondations de *Massalia*, nom que donnèrent les Phocéens à leur cité naissante en souvenir du cri qu'ils jetèrent en abordant les côtes de la Gaule méridionale : *Mas*, demeure, *Salias*, des Saliens, et ce nom se modifia ensuite en celui de *Massilia* et plus tard encore en celui de Marseille.

Euxène n'oublia point sa promesse, Massilia fut dédiée à Diane ; un temple offert à cette déesse s'éleva, avec de hautes colonnes de l'ordre dorique, non loin de la mer et quand apparut le christianisme dans les Gaules, ce temple fut détruit et sur ses débris on édifia une église cathédrale : *La Major*. De nos jours on vient de l'abattre encore pour la rebatir dans l'ordre architectural bizantin.

Aussitôt que la cognée grecque eut renversé des forêts séculaires qui s'étendaient jusqu'au bord de la mer, on vit en peu d'années croître la vigne et le blé dans les plaines et l'olivier sur les côteaux.

— Telle fut l'origine de la première colonie Phocéenne établie sur notre littoral, dit en terminant Mme de Larcey. Plus tard, ajouta-t-elle, ces mêmes colons et leurs descendants, ou leurs compatriotes, choisirent sur les côtes les lieux les plus propices pour fonder de nouveaux établissements parmi lesquels se trouva Olbia ou Olbie (l'heureuse) qui, ainsi que je l'ai dit précédemment, était située à l'Eoube, Antipolis (en face la ville) qui est Antibes et Nike ou Nicea (victoire) qui devint Nice, la reine des stations hivernales...

— Mais sait-on, fit Verneuil, quelques faits relatifs à la destruction d'Olbie ?

— Il y a une assez grande diversité d'opinions à cet égard — quelques historiens prétendent que cette ville fut détruite par un tremblement de terre qui aurait également renversé la station navale romaine de Ponponiana, dont il reste aussi quelques ruines, que nous visiterons plus tard. D'autres, plus généralement, croient qu'Olbie ne put résister aux attaques répétées des Sarrasins — quoi qu'il en soit, Olbie n'existe plus, quelques pans de murailles envahies par la mer attestent seuls le point précis où se trouvait la ville Grecque.

Mme de Larcey cessa de parler, mais les heures s'étaient écoulées et la nuit approchait, quelques étoiles étincelaient déjà dans un fond d'azur et l'air tiède était imprégné d'émanations suaves que répandaient les pins maritimes et l'ensemble des aromates de la vallée.

Les touristes quittèrent la terrasse de l'hermitage et descendirent lentement le côteau pour se diriger vers la ville. Parfois Verneuil soutenait dans leur marche ses deux compagnes dont les pieds mignons heurtaient les cailloux du chemin et ils arrivèrent ainsi à l'hôtel en se promettant une prochaine excursion.

VI.

Causeries. — Les Maures. — Les Fleurs.

Durant plusieurs semaines pourtant, les trois touristes ne songèrent point à reprendre leurs excursions, Mme de Larcey se trouvant retenue chez elle par une subite indisposition.

Pendant ce temps, aux heures où Mme de Larcey ne recevait point la visite d'anciens amis qu'elle avait conservés en ce pays, Emerance et l'artiste rivalisaient auprès d'elle de soins affectueux, de délicates attentions. Tantôt l'artiste faisait à ses deux compagnes une lecture attachante, ou étalait sous leurs yeux les richesses de son album et les croquis tracés par lui dans ses excursions matinales, tantôt Emerance, assise au piano, modulait d'harmonieux accords ; les notes vibrantes qu'elle faisait ainsi résonner contenaient tour à tour tant de joie et de mélancolie, qu'on eut dit que son âme avait passé dans ses doigts.

Verneuil ne perdait aucune note de ces suaves mélodies, volontiers il fut tombé aux pieds de la jeune femme et lui eut avoué son amour ; mais aussitôt que l'instrument devenait muet et qu'Emerance se retournait avec la gravité et le sérieux d'une souveraine, le jeune peintre sentait renaître en lui ses appréhensions, ses craintes et il imprimait un tel calme à sa physionomie que personne n'eut pu deviner ses combats intérieurs.

De son côté Mme de Larcey, sur la prière des deux jeunes gens, leur racontait avec humour et une grâce charmante des anecdotes pleines d'intérêt, puisées dans ses souvenirs, ou des faits se rapportant à la Provence.

Un jour, à propos des excursions déjà faites et de celles restant à réaliser, elle dit à Verneuil :

— Il ne faudrait point supposer, monsieur, que le reste de nos contrées ressemble à ce que nous voyons ici. Il est impossible, a dit notre compatriote Méry, d'apprécier en quelques mots l'aspect physique de la Provence comme on ferait en parlant de la Bourgogne et du Poitou. En effet quel singulier coin de la France que celui où l'on trouve des landes pierreuses et des prairies, des orangers, des aliziers, des montagnes nues, placées comme des îles sur une plaine féconde, des collines vertes auprès d'un roc pelé, des rivages arides auprès de promontoires couverts de pins ; presque toujours la fraîcheur de l'ombre et de l'eau à côté d'un sol brûlant, poudreux et sans végétation. Pour qui ne veut pas considérer l'ensemble du tableau, il résulte de ces deux aspects une double appréciation au choix de l'observateur superficiel ou de mauvaise foi.

Georges Sand, a écrit en parlant d'une de nos hautes montagnes : « C'est bien là qu'il faut aller « pour saisir d'un coup d'œil l'admirable découpure de l'extrême pointe méridionale de la « France. Je n'ai rien trouvé d'aussi beau que la « dentelure gracieuse et puissante de la France « maritime, il y a de larges abimes de verdure « coupées de collines fertiles et d'accidents cal- « caires fort étranges, des cultures ondoyantes, « ou des abîmes impénétrables. »

La Provence représente par son climat et sa flore, tantôt l'Algérie, l'Italie ou la Grèce, aux tièdes haleines, tantôt l'Espagne ou la Suisse avec leurs monts neigeux.

Une autre fois, Emerance, ayant sous les yeux un plan des environs d'Hyères demanda à sa tante quelques détails sur la chaîne de montagnes voisine, portant le nom de forêt des Maures et longeant le littoral en demi cercle, entre le Gapeau et l'Argens, rivière que les Romains désignaient sous le nom de *Argentum.*

Mme de Larcey, après s'être recueillie un instant, répondit :

— « Ce groupe de montagnes, a écrit Elisée « Reclus, forme, à lui seul, un système orogra- « phique, parfaitement limité, ses massifs de « granit de gneïss et de chistes, sont séparés « des montagnes calcaires environnantes par de « profondes et larges vallées. En réalité il cons- « titue un ensemble aussi distinct du reste de la « Provence que s'il était une île éloignée du con- « tinent. Ces montagnes sont dignes au plus haut

« degré, de l'intérêt du savant, par la constitution « géologique de leurs roches et le nombre de « leurs plantes rares. »

— Les savants dont parle l'auteur, ajouta Mme de Larcey, ont jusqu'ici peu visité cette contrée qui se développe sur une étendue de plus de vingt kilomètres en dehors de la grande voie ferrée ; mais la ligne à ouvrir prochainement, d'Hyères à Fréjus, en facilitera le parcours plus fréquent.

C'est là, au milieu de ces rocs tantôt abruptes, tantôt couverts de pins ou de chênes-liège et présentant un redoutable point de défense, que vers le IXe siècle les Sarrasins ou Maures, arrivèrent de l'Afrique, attirés par le climat semblable à celui de leur pays et par la fécondité du sol environnant.

Ils fortifièrent les hauteurs qu'ils couvrirent de châteaux-forts appelés *Fraxinets*, du nom de la forteresse principale établie à l'ancien *Fraxinetum*, aujourd'hui la Garde-Freinet.

Du Fraxinet, des expéditions armées se dirigeaient vers les localités bordant le littoral dont elles surprenaient les habitants en se livrant au pillage et à la dévastation.

C'est ainsi que disparurent un grand nombre de villages Gallo-Romains dont nous n'avons plus aujourd'hui que des vestiges et le souvenir conservé par les géographes et historiens de l'antiquité :

— N'avons-nous pas, madame, demanda Verneuil, quelqu'édifice construit par les Sarrasins dans nos contrées ?

— Presque rien, quelques tours élevées sur des hauteurs pour servir de signal et cela s'explique : s'ils n'élevèrent point en Provence, comme leurs compatriotes l'ont fait en Espagne, des monuments grandioses et utiles, c'est que les attaques incessantes dont ils furent l'objet, en réciprocité des leurs, les ont empêché de fonder rien de durable en les obligeant à rester sous les armes.

— Quelle est l'étymologie du nom donné à ces peuples? demanda de nouveau l'artiste.

— Le nom de *Maures* vient de ce qu'ils occupèrent en Afrique les trois *Mauritanies*, et le nom de Sarrasins est dû à ce qu'ils se disaient descendants légitimes par Abraham, de Sarah; généalogie prétentieuse contestée par d'anciens historiens qui les ont considérés au contraire comme issus de la race bâtarde d'Ismaël, fils d'Agar et les nommaient *Agarènes*.

— Mais, ma tante, fit Emerance, comment ces

peuplades purent-elles se maintenir longtemps en pays chrétien ?

— L'historien Papon affirme que les seigneurs, à cette époque féodale, profitaient de leur voisinage pour assurer leur indépendance ou plutôt pour s'entre-détruire et que c'est à la faveur de ces divisions et d'alliances par mariage avec des habitants du pays, qu'ils acquirent de la force et de la puissance.

Ce ne fut d'ailleurs qu'en l'année 972, après un siècle écoulé depuis leur établissement au Fraxinet et diverses tentatives pour les en chasser, que Guillaume Ier, comte de Provence, entreprit une croisade contre eux; au bout de quelques années de luttes héroïques, Guillaume s'empara du grand Fraxinet et successivement de diverses autres positions et les Sarrasins vaincus, amoindris, furent dispersés, tandis que ceux qui habitaient les villages voisins de la côte, furent mis en état de servitude.

Il y eut encore par la suite, et jusqu'au 14e siècle, de nombreuses apparitions de pirates Sarrasins sur notre littoral, mais aucun établissement ne fut alors formé par eux.

— Quel but, madame, demanda Verneuil, les

Maures poursuivaient-ils, au dire des historiens, en se fixant sur notre littoral ?

— Les avis à cet égard sont partagés. Les chroniqueurs du moyen-âge, adversaires des Maures, se sont bornés à relater leurs méfaits, sans expliquer que la différence de race et de religion entre les populations du littoral et les envahisseurs, que la résistance que ces derniers rencontraient devaient motiver souvent les excès commis par eux, excès semblables, qu'on pouvait reprocher à d'autres peuples, aux mêmes époques et même antérieurement.

« L'histoire, a dit M. Lenteric dans son sa-
« vant ouvrage intitulé : *La Provence maritime*,
« l'histoire a presque toujours été injuste envers
« les Sarrasins, on oublie trop que le résultat le
« plus clair de leur séjour en Espagne a été l'éta-
« blissement hiérarchique d'un pouvoir régulier,
« le culte des sciences et des lettres, le dévelop-
« pement du commerce et de l'industrie, la
« renaissance des arts et que, lorsqu'ils furent
« chassés de la Péninsule, ils laissèrent des
« mœurs élégantes, des monuments admirables,
« une agriculture prospère et tous les éléments
« d'une civilisation bien supérieure à celle de
« tous les peuples de l'Europe.

Un soir enfin, plus expansive que de coutume, Mme de Larcey apprit à Verneuil qui admirait sur la table du salon un charmant faisceau de fleurs apportées le matin, que fille d'un chimiste-agronome, ayant amassé à Hyères une modeste fortune dans la culture et le commerce des fleurs et des graines, elle s'était mariée à M. de Larcey exerçant la même profession dans le même pays.

— N'aimerai-je point les fleurs, comme toutes les femmes, ajouta-t-elle, que je les chérirais par la seule raison qu'elles me rappellent un père et un mari vivement regrettés. L'un et l'autre ont vécu heureux au milieu des plantes dont la germination, la croissance, l'éclosion des fleurs, puis la maturité, faisaient de leur part, l'objet d'études patientes, de recherches savantes incessamment renouvelées que le vulgaire, dans son entraînement vers la superficie des choses, ne sait apprécier ; le vulgaire admire la fleur, respire son parfum sans songer un instant à l'humble ouvrier qui a su l'acclimater, la protéger dès sa naissance contre les intempéries, les insectes ennemis ou les maladies comme on fait pour un enfant bien aimé.

D'ailleurs l'horticulteur éprouve de telles satisfactions dans l'exercice de son art, qu'il envie et recherche peu les éloges ; c'est au sein du monde végétal, ce second règne de la nature, qu'il trouve la récompense de son constant labeur. Il faut avoir vécu comme moi avec des agronomes pour comprendre le sentiment de paternité qui les anime à l'égard de ces arbustes, de ces plantes dont l'existence présente tant d'affinités avec l'espèce animale.

Excusez-moi, monsieur Verneuil, de vous avoir, à propos de fleurs, entretenu si longuement, mais il est des souvenirs qu'on se plaît à évoquer lorsqu'ils concernent des êtres aimés qui ne sont plus... ainsi que mes enfants... Il ne me reste ici-bas qu'Emerance, dont l'affection cicatrise les plaies de mon cœur.

Et Mme de Larcey tendit avec émotion la main à sa nièce qui la porta aussitôt à ses lèvres.

L'artiste avait ainsi appris quelque chose de l'existence de ses deux compagnes, mais rien de ce qu'il désirait tant connaître ne lui avait été dit. Il comprit qu'adresser une question à l'égard d'Emerance serait indiscret et il se tut.

A peu près à la même époque Verneuil écrivait de nouveau, à son ami Andrieux, la lettre suivante :

« Cher César, me voici à Hyères depuis un « mois. Seul ? me diras-tu, non, et cela te sur- « prendra, en compagnie de deux charmantes « femmes dont j'apprécie chaque jour et l'esprit « cultivé et la modestie, choses difficilement « assemblées chez les personnes de leur sexe.

« L'une, la plus jeune, est belle de cette beauté, « non plastique mais originale, que nous autres « artistes savons particulièrement apprécier et « consistant moins dans la régularité et la pureté « des traits que dans un ensemble gracieux « captivant le cœur plus que les sens.

« L'autre, sa tante arrivée à l'âge mûr, possède « une physionomie bienveillante, éclairée par « l'intelligence et le savoir, dont l'effet est d'atti- « rer à elle toutes sympathies de façon à faire « oublier son âge, tant il est vrai que le mot cé- « lèbre : une femme d'esprit n'est jamais vieille, « n'est point un mensonge.

« Le hasard, où plutôt ma bonne étoile, m'a « placé sur leur chemin et elles ont bien voulu « consentir à m'admettre dans leur société sans

« se préoccuper du : *qu'en dira-t-on*, absurde « préjugé que les Français cultivent spécialement.

« Presque chaque jour après mes travaux ma- « tinals, ce sont des excursions à trois dans ce « pays béni et dans ses environs, des entretiens « fréquents un peu sur tout, souvent à propos « de rien et le soir au salon,dont les persiennes « entr'ouvertes laissent pénétrer les senteurs « printanières de la vallée d'Hyères, ces mêmes « causeries recommencent, parfois interrompues « par les sons harmonieux du piano que la jeune « femme fait retentir sous ses doigts habiles.

« C'est te dire que je n'ai point encore songé à « rechercher,comme la plupart des étrangers dans « les villes de saison : le casino ; le jeu ou les « concerts, ma vie se trouve remplie suffisam- « ment par la présence de mes deux compagnes.

« Ceci me fait comprendre qu'on a dit fort « justement que l'esprit de conversation se perd « en France. En effet nous parlons beaucoup « sans savoir conter et encore moins écouter, « nous lisons en ignorant l'art de lire et de char- « mer l'oreille d'autrui, nous ne savons que « discuter.

« Cet oubli d'être agréable à soi, tout en l'étant « aux autres, n'est-il pas une conséquence de la

« dose d'égoïsme que, de nos jours, jette parmi « nous une lutte incessante avec les intérêts ma- « tériels ? ne serait-ce point encore notre éduca- « tion qui est imparfaite telle qu'elle nous est « inculquée ? Je laisse aux penseurs le soin « d'expliquer ces bizarreries regrettables. »

Le restant de la lettre de l'artiste concernait des questions d'affaires. De ses craintes au sujet d'Emerance il ne disait rien à son ami. Le cœur a de ces secrets intimes qu'il veut garder pour lui, afin d'en éviter une analyse qui semblerait une profanation.

VII

L'église Saint-Louis. — Sauvebonne l'Almanar. — Pomponiana. — Anthénie et Curius. — Le bouquet perdu. — Le dialecte provençal. — Les jardins.

Mme de Larcey, ayant repris sa santé et ses forces, proposa aux deux jeunes gens une promenade pour le lendemain.

Et le jour suivant, il n'était guère plus de neuf heures du matin, qu'ils se trouvaient tous trois sur la place de la République.

Mme de Larcey, remplissant son rôle de *cicerone*, dit à ses compagnons en leur désignant une statue érigée sur la place.

— C'est Charles d'Anjou, comte de Provence, dont je vous ai parlé déjà ; sur l'emplacement où nous sommes, des cordeliers ont construit un couvent vers le XIIe siècle, il n'est resté debout que leur église dont vous remarquez l'architecture et la large rosace en marbre blanc d'une seule pièce qui orne la façade.

Tous trois pénétrèrent dans l'édifice aux arceaux élégants en pierre taillée. Verneuil observa le style de cet édifice dans lequel il reconnut le passage du plein cintre à l'ogive, c'est-à-dire du roman au gothique ; après être parvenu à l'abside il aperçut derrière l'autel un tableau représentant l'arrivée de saint Louis à Hyères.

Les deux femmes s'étaient agenouillées et priaient, quand les sons graves et mélancoliques de l'orgue se firent entendre, un mariage allait être célébré. La mariée, sous son voile et sa couronne, attirait les regards sympathiques des assistants. La cérémonie commença au milieu d'un religieux silence.

Emerance, que Verneuil observait à la dérobée, essuyait quelques larmes furtives.

— Quel sentiment l'agite-donc, se dit-il, ce mariage vient-il retracer à son esprit un évènement de sa vie, pleurerait-elle un espoir déçu, un amour envolé ? — Comment saurais-je jamais !...

Les époux sortirent bientôt de l'église, leurs parents et invités les accompagnèrent et les touristes ne tardèrent point à quitter la nef redevenue déserte.

— Voici des détails relatifs au sujet du tableau que vous avez admiré, fit Mme de Larcey :

Un matin, le 12 juillet 1254, le soleil enveloppait toute cette contrée de ses rayons de feu, une brise légère caressait à peine la surface de la mer et l'on n'entendait que le cri des cigales, chantres obstinés des moissons, lorsqu'on vit apparaître à l'horizon une flotte qui par suite d'avaries se trouvait forcée de relâcher dans les eaux d'Hyères. Sur l'un des vaisseaux était le roi Louis IX revenant de la croisade. Aussitôt toute la population d'Hyères déploya sur les tours du château la bannière de France, les cloches des églises sonnèrent à toute volée pour saluer en St-Louis le frère du comte de Provence, puis le clergé, suivi de la population, alla à la rencontre du roi et lui offrit une place sous le dais, mais le roi refusa — Pareils honneurs, dit-il, s'adressent au seul Dieu en cet univers. Et prenant place derrière le dais avec la reine et ses trois enfants il se rendit à l'église que nous venons de visiter où il communia. Le roi résida quelques jours dans le château fort d'Hyères, qu'il quitta pour se rendre à Aix; et comme l'a écrit le chroniqueur Joinville : « *Pour l'honneur de la benoîte Magdeleine qui gisait à une journée près.* »

Maintenant, fit Mme de Larcey en finissant, nous allons parcourir la vallée de Sauvebonne si riche en cultures.

Une heure ne s'était point écoulée que Verneuil et ses deux compagnes suivaient, en voiture découverte, la route accidentée qui conduit aux Salins Vieux. Arrivée au pont du Gapeau, rivière bordée de chênes, de tamaris et de lauriers roses, la voiture roulant sur le sa [illegible] a [illegible] ta, les touristes en descendirent et suivirent lentement le bord de l'eau.

Mme de Larcey reprit la parole :

— Lentherie, à propos du Gapeau, fait observer dans son ouvrage que j'ai déjà cité, que malgré son apparence rocheuse la côte entre Toulon et les premiers contreforts de la Chaine des Maures, dont on aperçoit d'ici le sommet, n'est pas une côte fixe ; l'ancien Gapeau devait déboucher près de Toulon, aux environs du village de La Garde et au fond d'un golfe qui a été comblé par des dépôts diluviens, souvent pierreux, qui ont formé la plaine de la Crau, située à quelques kilomètres d'ici, enveloppant de la sorte les massifs de Fenouillet, de La Garde ainsi que ceux qui nous environnent ; véritables îlots primitifs faisant partie du même archipel que les îles d'Hyères.

— Le nom de *Crau*, fit Verneuil, vient du Grec qui signifie *pierres* ; des dépôts identiques, effectués par le Rhône, ont donc aussi formé la pleine de la Crau d'Arles ?

Mme de Larcey fit un signe affirmatif et reprit :

— Le Gapeau ayant par des atterrissements successifs intercepté son parcours, n'a pu que se jeter de l'Ouest à l'Est pour aboutir ici et modifier la côte littorale voisine par une couche d'alluvions, tout en colmatant et fertilisant les vallées d'Hyères et de Sauvebonne dont la flore sémi tropicale est incomparable.

— Grâce à cette fécondité et aussi à l'abri que procure aux vallées le rideau de montagnes que nous avons sous les yeux, n'est-ce pas, madame? fit Verneuil.

— En effet le *Mistral* ou le *Magistral*, comme disent les Italiens, ce fléau qui désole si souvent la Provence, fait peu sentir des rudes effluves, non-seulement à Hyères, mais sur tout le littoral qui s'étend à la frontière d'Italie et plus loin encore, par la raison qu'il existe depuis les hauts massifs des Alpes, une suite de montagnes dont l'altitude va toujours décroissant, jusqu'au littoral, comme pour contenir et désarmer successivement, par une barrière de collines, le puissant ravageur.

Les touristes retournèrent sur leurs pas et remontèrent en voiture.

— Il existait autrefois dans cette vallée, reprit Mme de Larcey, une commanderie de l'ordre des Templiers, les constructions élevées par eux ont disparu depuis le XIVe siècle ; mais parfois le soc de la charrue heurte quelque pierre sculptée ensevelie dans le sol, débris de grandeurs éteintes.

Les touristes revinrent à Hyères en passant par le riant village de la Crau et rentrèrent à l'hôtel où un déjeuner les attendait. Après qu'ils eurent satisfait leur appétit, excité par leur course matinale, ils remontèrent en voiture en prenant la route de l'Almanar qui aboutit à la plage où se trouvent les ruines de Pomponiana, cité Gallo-Romaine.

La mer était grondeuse, ses flots lançaient sur le rivage des flocons d'écume, les bruis extérieurs se confondaient dans la grande voix de l'élément agité. Les touristes contemplèrent un instant le spectacle grandiose qui leur était ainsi offert, puis, infatigables observateurs qu'ils étaient, ils cherchèrent à découvrir les traces du passé au milieu de fondations de murs, de puits, de citernes, de débris de poteries et d'emplacements voutés partant du rivage en se prolongeant le long du versant de Carqueranne.

— Il me semble, observa tout à-coup Emerance, que des ruines plus récentes que celles de Pomponiana existent ici.

— Ta remarque est juste, répondit Mme de Larcey; en l'an 989 on éleva sur une partie des restes de la ville éteinte un couvent de l'ordre de St-Benoit, mais les moines qui l'habitaient se livraient à une existence tellement scandaleuse que le Pape Honorius III les fit séculariser. Pendant de longues années un silence profond remplaça les rires mondains et les repas bruyants des moines; un jour pourtant les portes du couvent se rouvrirent pour recevoir des religieuses de l'ordre de St-Bernard, qui donnèrent à leur habitation le nom de St Pierre d'Almanar à cause d'une tour Sarrasine (Al-Manar qui en arabe signifie fanal), élevée alors dans le voisinage et servant de phare. Ici je dois vous rapporter une tradition populaire:

Vers la fin du XIVe siècle, Sibille de Foz, jeune et jolie abbesse de ce couvent, ne s'avisa-t-elle pas, par espièglerie sans doute, de faire sonner, au milieu de la nuit, la cloche d'alarme pour mettre à l'épreuve le courage des Hyerois, leur faisant croire ainsi à une descente des Sarrasins qui ravageaient fréquemment ces parages. Les Hyerois répondirent à cet appel en accourant au secours des religieuses, mais qu'elle ne fut pas leur indignation, lorsque, au lieu de pirates qu'ils s'apprêtaient à combattre, ils trouvèrent la jeune abbesse au milieu de ses sœurs, riant aux éclats et priant les Hyerois de retourner en leur bonne ville.

Cette plaisanterie devait avoir de terribles conséquences.

Un jour encore, la cloche d'alarme sonna bien longtemps ; le tintement mélancolique de la cloche de l'Hermitage se mêlait à ces sons lugubres, mais les Hyerois mystifiés ne bougèrent point et bientôt les flammes d'une incendie qu'ils aperçurent du côté du couvent leur apprirent, trop tard, qu'il sagissait bien cette fois d'une attaque de Sarrasins. Tout fut brûlé, ravagé et détruit, quelques religieuses seules échappèrent aux brutales agre -ions des pirates et vinrent se réfugier à Hyères où elles fondèrent le couvent St-Bernard, dont nous avons parcouru les ruines en montant au vieux Château.

Lorsqu'elle cessa de parler, Mme de Larcey remarqua chez l'artiste une sorte de recueillement dont elle lui demanda le motif.

— En présence de ces ruines peut-on, madame, ne point reporter sa pensée sur le peuple Romain sur sa grandeur et sa décadence, alors que la Rome païenne chancelait sur sa base, que ses dieux avaient encore des sacrificateurs, mais plus de croyants et que le christianisme prêché dans nos contrées, affirme la tradition, par Lazare, Madeleine et Marthe et ensuite par des missionnaires, apparut comme un phare sauveur relevant les courages et consolant les affligés. — La bonne nouvelle fût alors accueillie par les âmes généreuses et les humbles, beaucoup embrassèrent la sainte doctrine en bravant le martyre, d'autres, plus craintifs, l'observèrent en silence.

Les Romains, vous nous l'avez rappelé souvent, madame, occupèrent longtemps ces contrées méridionales qu'ils affectionnaient particulièrement et auxquelles, en les considérant comme terres latines, ils donnèrent le titre de *Province Romaine*, d'où vint au moyen-âge, le nom de *Prouence* et de *Provence* en dernier lieu.

Le séjour du peuple roi à *Arelate*, aujourd'hui Arles et l'apparition du christianisme, rappellent un épisode qui a eu pour théâtre cette ville vers l'an 200 de l'ère actuelle.

Si vous voulez bien, mesdames, me prêter

votre attention, je vous en ferai le récit qui sera une suite, en quelque sorte, à la description de l'époque Gallo-Grecque que Mme de Larcey nous fit il y a peu de temps.

— Nous sommes prêtes à vous écouter, répondit cette dernière.

— Pour mieux vous entendre, monsieur, dit Emerance, prenons place sur un des débris de Pomponiana et avec un peu d'illusion nous croirons être transportés au temps où se passèrent les faits que vous allez nous décrire.

Et Verneuil commença ainsi :

ANTHENIE ET CURIUS

ÉPOQUE ROMAINE

On était à la fin de l'été, à l'entrée de la nuit, la journée avait été brûlante et un doux zéphyr s'élevait dans l'air à mesure que le soleil disparaissait à l'horizon en projetant sur Arles, la Reine de la Gaule cisalpine, la cité aimée des Romains, de légères clartés qui faisaient ressortir la magnificence de cette ville.

Les arènes colossales, le théâtre aux délicieuses sculptures, les temples imposants, l'obélisque gigantesque, les maisons avec leurs portiques de marbre, les palais aux vastes ouvertures sur les deux rives du Rhône, les quais ornés de statues, chefs-d'œuvre de l'art, les ponts immenses suspendus sur le Rhône et les riantes maisons de campagne ou villæ toutes blanches, placées sur le penchant des collines, dorées par les derniers rayons du soleil, ressemblaient à ces magiques monuments qui nous sont dépeints dans les contes orientaux.

A cette heure les magasins se fermaient successivement sur les places publiques bordées d'arbres et de fontaines jaillissantes, on n'apercevait plus que quelques promeneurs retardataires. Les quais devenaient déserts et auraient été silencieux n'eut été le Rhône sourdement murmurant et grondeur.

Dans les rues les plus fréquentées, on ne rencontrait même plus que de rares citadins marchant d'un pas rapide pour regagner leur habitation.

C'était l'heure du dernier repas.

Toutefois, dans une rue spacieuse et sous les portiques du côté droit, en partant du fleuve, deux jeunes gens circulaient en s'entretenant à demi-voix ; les passants attardés les rencontrant, les saluaient profondément ce qui indiquait que ces deux personnages, bien connus, appartenaient à un rang élevé ; préoccupés de leur entretien ils répondaient fort légèrement à ces saluts, mais chaque fois qu'on se dirigeait de leur côté ils parlaient plus bas encore, craignant d'être entendus.

L'un de ces hommes pouvait avoir vingt-sept ans et l'autre de trente à trente cinq ; leur taille était haute et fière, leur démarche aisée et leur costume élégant.

— Je l'aime, s'écria tout à coup le plus jeune d'entre eux, appelé Curius, et je veux ce soir qu'elle l'apprenne.

— Tu l'aimes, répondit son ami, nommé Genez ; mais as-tu réfléchi qu'Anthénie est noble, riche et belle, quelle sort à peine des liens du mariage ? — Si tu avais pensé à ces choses, tu te serais dit : moi humble citoyen, vivant d'un modeste patrimoine, n'ayant tout au plus que ma renommée de poëte à lui offrir, je ne puis prétendre à sa main, c'est folie d'y songer.

— Genez, tu la méconnais, Anthénie est la douceur et la bonté même, elle est sans sot orgueil et sans préjugés et c'est parceque je l'apprécie telle que mon cœur s'est pris à l'aimer.

— Parce qu'elle a l'enthousiasme de la poésie, des arts, tu lui prêtes mille qualités sans te douter que cette protection qu'elle accorde aux hommes de mérite, n'est peut-être qu'un masque servant à cacher une vanité qui veut être encensée.

— Tu la méconnais te dis-je, répéta Curius avec animation.

— Apaise toi, ami, et écoute patiemment. Tu envisages la vie avec ton imagination de poëte, je la considère en homme froid et réfléchi, tu marches la tête dans les nuages et moi la face contre terre ; laisse donc parler de ce que tu n'aperçois pas de si haut.

— Je t'écoute.

— Encore une fois ton amour me surprend. Comment toi, nouveau converti à la foi chrétienne, toi que je croyais absorbé par l'intérêt de nos co-religionnaires, tu vas jeter ton cœur à une femme qui ne partage point tes convictions....

— Et qu'importe, interrompit Curius, qu'importe pour le bien de nos frères, qu'elle n'ait point ces convictions. Est-ce que le cœur s'arrête à de pareilles subtilités ? — J'aime Anthénie et pourtant je défendrais la foi chrétienne au péril de ma vie, s'il le fallait. Mais brisons là, demain tu sauras qui de nous deux a raison — fais moi part de ce dont tu voulais m'instruire, car la nuit s'avance et le repas doit être commencé chez Anthénie qui m'a convié.

— Voici, le Préfet a reçu des ordres au sujet des chrétiens d'Arles. J'ai su, en ma qualité de secrétaire de ce magistrat, que demain on devait en arrêter un certain nombre,ils me sont connus, je les ai fait avertir secrètement afin que cette nuit ils prennent la fuite ; rien de douloureux n'arrivera ainsi et le Préfet ne saurait me soupçonner d'avoir avisé les chrétiens, car il ignore que j'appartiens à leur religion. Il ne me reste qu'à te supplier de ne parler de ta croyance à qui que ce soit, rappelle-toi qu'un vent de mort souffle dans l'air, si on te dénonçais, tu serais perdu...

— Ce que j'apprends est épouvantable, s'écria Curius, et c'est bien à toi, cher Genez, d'avoir épargné la prison et le supplice à ces malheureux chrétiens.

— Me promets-tu d'être prudent ?

— Puisqu'il le faut...

— Certes, s'il le faut, tu dis cela avec indifférence, reprit Genez d'une voix émue, songe à toi, songe à moi qui n'ai que toi comme véritable ami.Si par ton imprudence il t'arrivait malheur...

et une sorte de pressentiment me fait croire à ce malheur, que deviendrions-nous, mon Dieu !

Et Genez serrait chaleureusement la main de Curius.

— Sois tranquille, répondit celui-ci en pressant le bras de son ami, j'agirai suivant tes conseils.

— C'est bien, ainsi nous n'aurons, je l'espère, aucun nouveau martyre à compter, aucune victime à pleurer. Tu peux te rendre chez Anthénie.

Et les jeunes gens se séparèrent.

L'amitié de ces deux hommes était profonde. En effet, élevés ensemble, privés de bonne heure de toute famille, ils avaient confondu leurs larmes et cette amitié s'était cimentée de leur affliction commune ; pourtant leur caractère différait : Curius avait un cœur bouillant, un esprit enthousiaste et Genez, réfléchi et calme, n'agissait que froidement, bien qu'il fut capable, à l'occasion, d'un dévouement absolu.

Tous deux s'étaient émus des persécutions exercées contre les chrétiens, persécutions qu'ils s'attiraient parfois, il est vrai, en voulant ouvertement renverser le paganisme. — Désirant connaître cette religion chrétienne qui donnait tant de courage, qui excitait à tant de traits héroïques, ils l'étudièrent et séduits, par la douceur des principes qu'elle renferme, par son esprit de fraternité, ils l'embrassèrent secrètement. Dès lors, Curius, qui jusque là avait chanté les Dieux dans des poésies dont le charme et le coloris l'avaient fait distinguer parmi les écrivains de son époque, se tut tout à coup, renonçant à célébrer un culte qui lui paraissait absurde et immoral ; quant à son amour pour Anthénie, il n'en avait fait part à Genez qu'au moment qui vient d'être décrit.

La confession de cet amour avait surpris et désolé ce dernier parce que, sachant que les femmes du rang d'Anthénie se faisaient, pour la plupart, un jeu des sentiments qu'elles inspiraient, il craignait pour son ami les suites funestes d'une passion encouragée dès l'abord, peut-être, puis dédaignée ensuite.

Après s'être séparé de son ami, Curius pénétra bientôt dans le palais d'Anthénie, merveilleusement éclairé, où se pressaient de nombreux esclaves emportant les objets du repas, rendus inutiles par les changements de service.

Traversant l'atrium, pavé de marbre, renfermant un bassin au milieu duquel des jets d'eau s'élançaient en gerbes gracieuses et où des siéges élégants se voyaient çà et là, il parvint dans une autre salle décorée de gracieuses peintures, de mosaïques et de statues qui en rendaient l'aspect séduisant, puis enfin il arriva dans une sorte d'antichambre où résonnait un bruit de voix joyeuses.

Soulevant une portière, le triclinium s'offrit à ses regards.

C'était une vaste salle à manger ayant pour plafond un épais feuillage de vignes, pour ornement des murs où le pinceau de l'artiste s'était plu à dessiner de ravissantes scènes mythologiques en rapport avec la destination du local,pour ameublement un triclinaire, sorte de table à forme de fer à cheval,aux pieds merveilleusement sculptés, sur la surface duquel se trouvaient, au milieu de gerbes de fleurs, les mets renfermés dans des plats d'argent.

Dans l'espace vide du triclinaire se trouvaient des serviteurs versant le contenu de leurs amphores dans les coupes des invités ; ceux-ci, la tête ceinte d'une couronne de myrtes et de roses, délivrée à chacun par Anthénie, selon l'usage, étaient à demi couchés sur des lits. Ceux-ci, tout en satisfaisant leur appétit, causaient de frivolités ou riaient bruyamment, ceux-là, écoutaient la voix de jeunes esclaves chantant dans le fond de la salle en s'accompagnant d'instruments harmonieux, ou bien encore ils suivaient, d'un œil charmé, les mouvements légers et gracieux de quelques danseuses Ioniennes pendant que des parfums suaves s'exhalaient de trepieds d'or.

Au milieu des convives, assez nombreux, on distinguait Anthénie vêtue d'une robe qui, en laissant à découvert ses épaules et ses bras d'un admirable contour, venait se resserrer à sa taille de laquelle une large ceinture, brodée d'or, se déroulait négligemment. De ses cheveux noirs jaillissait l'éclat de quelques pierres fines enchâssées dans des épingles, éclat qui rivalisait avec le feu de son regard, de même que sa robe égalait la blancheur de sa chair.

Au moment de l'entrée de Curius,quelques jeunes patriciens entretenaient Anthénie écoutant leurs discours d'une oreille distraite. Dès quelle vit le poëte, rompant aussitôt toute conversation, elle se souleva pour le saluer, ce que firent aussi les convives à l'exception des jeunes gens qui parlaient à Anthénie, évidemment contrariés de sa venue.

— Enfin le voici, s'écria Anthénie, c'est bien là le poëte, se souciant fort peu qu'on l'attende et le désire, parcequ'il sait que sa présence seule suffira pour lui faire pardonner son absence.

En disant ces mots elle lui adressa un aimable sourire et lui tendit la main que Curius porta aussitôt à ses lèvres.

— Ce n'est point pour me faire désirer, Anthénie, que j'ai tardé de me rendre à ton invitation, une affaire importante m'a retenu, et crois-le bien, si je ne suivais que l'inspiration de mon cœur, je serais toujours près de toi, la plus charmante d'entre toutes les femmes.

Les convives applaudirent cette réponse de Curius et Anthénie, sans se soucier de l'approbation de ses hôtes, répondit par un salut gracieux à son complimenteur, en lui désignant du doigt sa place laissée libre.

Je rappelle que l'époque à laquelle remonte ce récit, était celle dont je parlais tout à l'heure où, chez les Romains, il existait un relâchement effroyable de mœurs — comblés de richesses, le monde entier sous leur joug, ils ne songeaient qu'à jouir de la vie à n'importe quel prix — les plaisirs seuls dirigeaient leur conduite. Les liens sociaux n'avaient plus la morale pour base, la religion n'était plus qu'un mot, et ce mot, s'ils y tenaient encore, c'était par habitude.

Se promener dans des chars somptueux, étaler un luxe inouï, courir du théâtre aux arènes où leurs yeux avides cherchaient dans le sang des sujets d'émotion, s'entourer d'esclaves, se reposer près d'une table chargée de mets les plus rares et de vins exquis, se plonger dans d'affreuses orgies ou s'abandonner à des courtisanes, telle était l'existence des Romains à cette époque de décadence.

Au milieu de ces déréglements, une femme, Anthénie, avait conservé à Arles une conduite irréprochable.

Maitresse d'une fortune considérable depuis son veuvage, elle voulut se créer une existence à sa guise, existence de plaisirs, il est vrai, mais qui ne laisserait percer aucun blâme sur elle, tout en lui procurant de douces satisfactions. Aimant les arts elle rechercha les hommes de talent et, dans de brillantes fêtes, entourée d'un monde choisi, elle se livrait aux élans de son cœur.

Musicienne, poëte elle-même, aucun charme ne manquait à ses délicieuses soirées qu'elle savait animer par son esprit et sa grâce.

Elle suivait le courant du siècle, mais elle le suivait en bien ; elle voulait des plaisirs, disons-nous, mais elle savait les rendre nobles et purs.

De tous les jeunes patriciens soupirant autour d'elle, aucun n'était parvenu à son cœur ; Curius seul la séduisait sous bien des rapports. Il était poëte et c'était son premier mérite, il était grand de caractère, exempt de préjugés, enthousiaste, généreux et c'était le second à ses yeux. Depuis longtemps elle avait deviné l'amour de Curius ; mais comme ce sentiment elle le voulait profond, durable dans le cœur de celui qu'elle aimait déjà, elle affectait de l'indifférence vis à vis de lui, afin que sa passion s'exaltât de sa froideur simulée, qu'elle devînt sérieuse, qu'elle s'enraçinât, si l'on peut s'exprimer ainsi, dans l'âme de Curius.

Quelques fois cependant, lorsqu'une sorte de tristesse se répandait sur le front de cet homme, un remord la saisissait aussitôt ; attribuant cette tristesse au peu d'encouragement donné à son amour, elle venait alors à lui avec un tendre regard qui était bien près de révéler ses sentiments et Curius, sous le rayon de ce regard fascinateur, sentait se rallumer, plus vivement encore, le feu qui l'embrasait.

La distinction qu'accordait à Curius la jeune patricienne, excitait depuis longtemps la jalousie de certains habitués de ses fêtes.

— Eh ! quoi, pensaient-ils, placera-t-elle toujours à nos côtés, comme s'il était notre égal, ce Curius maudit, ce bouffon, capable tout au plus de nous distraire un instant par ses vers ?

Ceci explique le mécontentement des personnages qui entouraient Anthénie à l'arrivée de Curius.

Lorsque celui-ci eut pris place on s'entretint des affaires du jour, des arènes. Quelques anecdotes piquantes furent racontées et souvent interrompues par des saillies qui se croisaient en tous sens — Curius ne resta point muet et Anthénie qui, avant sa venue demeurait silencieuse, déploya, en s'exprimant avec une remarquable facilité, la richesse de son imagination, la magie de sa parole.

Toutefois, Curius se souvenait par moments de Genez, de ses tristes pressentiments, et alors, son visage s'assombrissait et sur ses lèvres s'arrêtait la phrase qu'il voulait faire entendre.

Il y a souvent comme un mauvais génie qui veille autour de nous pour accélérer notre chûte dans le précipice que nous voudrions éviter. Ce mauvais génie, qui n'est autre que la fatalité, s'empara de Curius.

Au milieu de la soirée il fut question de Rome et de ses généraux, des divers envahissements de la Gaule par les peuples du nord et des chrétiens.

— Ce sont ces misérables sectaires qui nous attirent la vengeance des Dieux, s'écria un ancien sénateur en tendant sa coupe à remplir.

— Par Hercule ! on devrait les exterminer tous, dit d'un ton superbe un jeune patricien.

— Non contents de conspirer contre la religion, reprit un des convives voisin d'Anthénie, ils voudraient réformer nos usages, nos lois.

— Ce sont des envieux avides de nos richesses, dit un autre.

Dès le début de cette diatribe, Curius avait gardé le silence, mais en présence de l'interminable suite d'invectives lancées contre les chrétiens, il ne put contenir plus longtemps son indignation.

— Cessez, s'écria-t-il, cessez ces calomnies, s'il est des esclaves parmi les hommes dont vous parlez, il s'y trouve aussi des hommes puissants, généreux...

Ces paroles furent interrompues par un murmure désapprobateur et les ennemis de Curius, comprenant que cet entretien lui déplaisait, s'empressèrent de le continuer.

— Comment Curius, dit l'un d'eux, veux-tu nous interdire de flétrir ces chrétiens sacrilèges qui osent proclamer l'inutilité de nos temples en menaçant de renverser les statues des Dieux ?

— Dans leurs infâmes repas, reprit un autre, ne se repaissent-ils point d'enfants nouveaux-nés?

— Assez ! s'écria de nouveau Curius en se levant pâle d'indignation, vous tous qui dites ces choses, vous mentez.

Un cri général retentit dans le triclinium.

— C'est un chrétien, tu nous insultes, Curius, hors d'ici le chrétien !

Anthénie voulut imposer silence, mais sa voix se perdit au milieu du bruit.

— Oui, reprit encore Curius qui ne pouvait se contenir, vous agissez lâchement en accusant sans preuves.

— On ne peut tolérer ce discours, interrompit encore un des convives.

Et le cri: c'est un chrétien, domina de toutes parts malgré les réclamations d'Anthénie.

— Oui, je suis chrétien, s'écria Curius, et je m'en fais gloire. Je suis chrétien parce que j'abhorre votre culte immoral, vos Dieux entâchés de meurtres et d'adultères. Je suis chrétien parce que dans cette foi je trouve consolation, amour pour l'humanité, espoir qu'après la mort notre âme rejoint Dieu, le seul qui fait la part du bien et du mal, qui est miséricordieux, qui ne veut pas de sang sur ses autels, mais le repentir et la foi.

Ces paroles, prononcées avec énergie, intimidèrent un instant les invités. Anthénie écoutait immobile et Curius, au milieu du silence de tous, continua :

— Romains, croyez-moi, le christianisme prend chaque jour de plus profondes racines dans le monde parceque la vérité perce malgré les obstacles, votre vieux culte s'écroule et vous ne pourrez rien contre sa chûte, les persécutions engendrent des martyrs excitant l'intérêt et la pitié.

Un nouveau et long murmure se fit entendre encore, mais Curius reprit :

— Votre culte serait inébranlable peut-être, si vous aviez la foi, mais le scepticisme vous glace, c'est pourquoi le christianisme grandit...Romains soyons unis, soyons sur la défensive comme nos pères, non pour vaincre le culte nouveau, mais pour lutter contre le véritable danger, pour repousser les hommes du Nord, ces envahisseurs qui s'avancent nombreux comme les grains de sable du désert. Déjà plusieurs provinces sont occupées, par ces barbares, on les signale au-delà du Rhin, encore un pas et ils sont à nos portes, songeons à nous compter et faisons face au péril.

Quelques assistants restaient muets, impressionnés qu'ils étaient par ces paroles, d'autres s'enfuirent en protestant et les ennemis de Curius s'écrièrent :

— C'est ta religion qui nous attire ce fléau.

— C'est un blasphémateur.

Et ils sortirent du triclinium les yeux pleins de fureur.

— Leur cœur est plus dur que la pierre, fit Curius,et sa tête retomba tristement sur sa poitrine.

Il y eut un silence d'un instant.

Soudain Anthénie, mue par un sentiment d'amour et de pitié, s'approcha de Curius qui sentit deux lèvres effleurer son front, il leva les yeux et vit Anthénie debout près de lui.

— Curius, fit-elle, tu as été beau d'énergie. Les misérables! lorsqu'ils n'osaient t'interrompre, moi je t'admirais, car tu les écrasais tous sous ta parole.

— Eh quoi ! Anthénie, tu m'excuses, ah ! je n'en attendais pas moins de ton cœur... et maintenant que m'importe leur colère, leur mépris, puisque tu m'estimes toujours toi, noble femme.

Et Curius saisit la main d'Anthénie, qu'il baisait avec passion. Il était près de faire l'aveu de son amour, mais l'émotion brisait le fil de ses idées. La jeune patricienne, habituée à lire dans le cœur de l'homme qu'elle chérissait, comprit cette émotion.

— Curius, reprit-elle, je sais depuis longtemps ce que ton âme renferme d'affection pour moi ; sans que tu t'en sois douté j'ai épié tes paroles, tes regards. Dans chaque ligne de tes poésies j'ai deviné que tu m'aimais et laisse-moi te l'avouer, en voyant cet amour si vrai, si sincère et si timide, je me suis laissée entraîner vers toi, mon beau poëte tu est aimé à ton tour.

— Qu'entends-je, serait-il vrai ? s'écria Curius en tombant à genoux et en joignant les mains. Oh ! répète-moi ces paroles, Anthénie, pour que que je les écoute bien, car c'est le bonheur, c'est la vie qu'elles me donnent.

— Relève-toi, Curius, oui je t'aime ; demain je veux que dans Arles on l'apprenne et qu'on dise : « Elle a refusé des patriciens, d'opulents magistrats, mais elle a voulu pour époux un enfant de génie, Curius enfin. »

A peine avait-elle cessé de parler que des esclaves pénétrèrent dans le triclinium, d'un air effaré, en annonçant que le préfet envoyait des gardes pour s'emparer de Curius.

— Ah ! malheur, s'écria Anthénie, les lâches t'ont dénoncé.

— Que me fait la prison, la mort peut-être, fit Curius, tu m'aimes je n'ai plus rien à demander au ciel.

— Mais je ne pourrais te survivre s'il t'arrivait malheur, exclama Anthénie.

— On approche, firent les esclaves.

Soudain, la portière se souleva, et plusieurs soldats entrèrent. L'un d'eux, porteur de l'ordre d'arrestation, s'avança vers Anthénie pour le lui communiquer.

— Emmenez-le, dit elle, mais par tous les dieux ! vous ne le garderez pas longtemps — Curius, ajouta-t elle, je te délivrerai...

— Fais cela, répondit-il tout bas, si ma vie peut s'écouler près de toi pour te voir, t'entendre et t'aimer, sinon laisse-moi subir ma destinée.

Un long regard s'échangea entre eux et Curius sortit.

Le jour venait de poindre et les étoiles qui avaient illuminé le ciel durant la nuit, s'effaçaient peu à peu en présence de l'astre du jour. Déjà se faisait entendre le bruit lointain de la ville qui s'éveille.

Anthénie, restée debout et silencieuse, en proie à la plus vive émotion, fit tout à coup entendre sa voix dans le triclinium.

— Qu'on apprête ma chaise, dit-elle aux esclaves, puis tout bas elle ajouta : il faut que je parle au Préfet, il faut, à tous prix, qu'il rende la liberté à Curius. Qu'importe l'heure matinale.

Bientôt après elle sortait de son palais et se faisait diriger vers celui du Préfet.

Ce qui s'était passé chez Anthénie était connu de ce dernier.

En effet — entouré des autorités de la ville et de Genez, son secrétaire — il achevait son repas et déjà la conversation languissante indiquait qu'on allait se séparer, lorsqu'un des patriciens, convive d'Anthénie, pénétra jusqu'au Préfet et l'entretint quelques instants à voix basse.

— C'est bien, fit ce dernier, après avoir prêté l'oreille, je vais faire mon devoir.

Il se leva et quitta la salle en invitant Genez à le suivre.

— Genez, dit il lorsqu'ils furent dans un appartement voisin, je viens d'apprendre que cette nuit Curius a insulté violemment les convives d'Anthénie en avouant être chrétien. Il faut qu'il soit arrêté, on ne saurait réagir trop vis à vis de ces perturbateurs de l'ordre public. — Par Hercule ! j'ai usé jusqu'ici de trop de ménagements à leur égard, ils deviennent arrogants... Mais tu pâlis Genez...

— Non, non, répondit ce dernier en contraignant le trouble que lui causaient les paroles du Préfet.

— Dresse donc à l'instant l'ordre d'arrestation que je signerai.

— Je n'écrirai et ne contresignerai point cet ordre, Curius est mon ami, mon frère et je préférerais me briser la main que de tracer une ligne qui put porter atteinte à sa vie ou à sa liberté.

— Par Jupiter ! un chrétien est ton ami ? prends garde Genez, défendre un coupable c'est être coupable soi-même. Je suis décidé à sévir... veux tu écrire ?

— Non.

— Je n'ai qu'à dire un mot et je te fais punir.

— Puisque Curius doit être arrêté, je ne tiens pas à rester libre.

— Ah ! traître, s'écria le Préfet, tu me braves, tu t'en repentiras.

Il fit résonner un sifflet d'argent, aussitôt des gardes entrèrent.

— Emparez-vous de cet homme, dit-il.

Il écrivit ensuite quelques lignes qu'il tendit aux gardes.

— Voici un mandat d'arrêt délivré contre le poëte Curius, lorsque vous l'aurez saisi vous le conduirez dans le même carcere que ce citoyen.

Et il désignait Genez auquel il dit avec une sorte de ricanement:

— Tu vois, je fais bien les choses, tu pourras consoler ton ami.

— Ame de boue et de fiel ! répondit Genez avec mépris.

Et il suivit les gardes.

Peu d'instants après Corniole, fils du Préfet, parvint près de son père.

Corniole, âgé d'environ trente ans, avait une haute taille et une physionomie disgracieuse. Joignant la vanité à la sottise, il était envieux de tout ce qui représentait une supériorité d'esprit, enclin au dénigrement de toutes nobles et saintes choses.

Amené dans les soirées d'Anthénie, il avait été séduit par l'attrait de cette femme, comme l'étaient ceux de ses amis qui obtenaient la faveur de l'approcher.

Un sentiment de vanité, plutôt qued'affection, lui faisait désirer la main de la jeune patricienne.

— Si cette femme tant admirée pouvait être

à moi, pensait-il, je serais le plus heureux des hommes, chacun me porterait envie.

Et sans approfondir le caractère d'Anthénie, sans se préoccuper de ses goûts et de ses penchants, il avait supposé qu'elle ne pouvait qu'agréer ses hommages d'abord et ses offres matrimoniales ensuite.

— Anthénie m'épousera, dit-il un jour à ses amis.

Ceux-ci jetèrent un éclat de rire moqueur en haussant les épaules.

— Vous riez ? Par tous les dieux ! parions vingt belles esclaves que je serai son époux.

— J'accepte la gageure, répondit un de ses interlocuteurs.

— Soit.

Et le pari fut conclu.

Corniole, depuis lors, fit une cour assidue à Anthénie ; celle-ci, avertie de ses projets, se moqua de ses prétentions et résolut malicieusement de s'en jouer. Aux airs passionnés de Corniole elle répondait par des regards qui pouvaient laisser concevoir des espérances.

— Demain mon père demandera pour moi la main d'Anthénie, dit un jour Corniole, d'un air triomphant, en parlant à ses amis.

— En vérité, et tu penses sérieusement obtenir son consentement ?

— Je n'en doute pas, Anthénie est folle de moi.

— C'est ce que nous verrons, ajoutèrent ses amis en hochant la tête.

Le Préfet se présenta, en effet, chez la patricienne, certain, d'après l'affirmation de Corniole quelle l'accueillerait avec empressement. — Il parla longtemps pour énumérer les prétendues qualités de son fils, puis, lorsqu'il se tut :

— Tu peux répondre à Corniole, dit Anthénie, qu'il n'est qu'un fat de croire, ainsi qu'il te l'a affirmé, que je suis disposée à m'unir à lui ; s'il avait bien apprécié mon caractère et le sien, il eut compris que jamais je ne pourrais adhérer à une telle union. Un homme, d'ailleurs, ne doit jamais proclamer qu'il est aimé quand même le fait serait vrai.

— Anthénie... fit le Préfet surpris de la réponse qui lui était faite.

— Apprends, continua-t-elle, que mon cœur n'est pas libre. J'aime et je suis aimée.

Le Préfet se mordit les lèvres, mais pour ne point paraître embarrassé il reprit en souriant :

— Serait-il indiscret de te demander le nom de l'heureux mortel favorisé de ton amour?

— Mon cher Préfet, le monde ignore ce nom, l'heureux mortel, lui-même, ne sait rien de mes sentiments et j'ai des raisons pour me taire.

— Anthénie, tu es singulièrement originale.

— Reconnais plutôt ma franchise...

Le Préfet transmit la réponse d'Anthénie à son fils qui, confus et dépité, se dit :

— Vienne le moment de me venger, je ne ferai nulle grâce à cette femme perfide !

Il subit les railleries de ses amis, livra les vingt esclaves et ne reparut plus chez Anthénie, tout en recherchant, de près ou de loin, les occasions qui pouvaient l'aider à troubler le repos, l'existence de celle qui l'avait humilié.

Il n'est point d'homme plus vindicatif qu'un sot blessé dans sa vanité.

Curius lui avait été signalé depuis longtemps comme étant le protégé d'Anthénie, c'était à ses yeux un motif de haine vis-à vis du poëte, de plus ce dernier avait du talent, de la renommée, c'était encore une raison pour le critiquer et le combattre.

Aussi, en apprenant les faits qui s'étaient passés chez Anthénie,n'eût-il rien de plus pressé que de se rendre auprès de son père pour l'en instruire et l'engager à agir contre Curius.

— Je sais tout, fit le Préfet, et à cette heure Curius doit être sous les verroux.

— C'est bien, fit Corniole, Anthénie! Anthénie! je ne crois pas m'abuser, nous allons porter à ton cœur un rude coup.

Un officier du palais se présenta aussitôt pour annoncer qu'Anthénie demandait à être introduite.

— Mon père, s'écria Corniole, laissez-moi la recevoir.

— Pourquoi ?

— Je veux l'obliger à m'accorder sa main en échange de la délivrance de Curius qu'elle vient solliciter sans doute.

— Agis comme tu l'entendras.

Et le Préfet sortit donnant l'ordre de laisser entrer la jeune patricienne.

Corniole se jeta sur un siège et chercha à

donner à sa physionomie une aimable expression.

Anthénie entra.

— C'est toi que je trouve ici ? fit-elle, je croyais rencontrer ton père...

— Il vient de me quitter en me priant de le remplacer auprès de toi, charmante sirène.

— Eh quoi ! il m'attendait donc ?

— Il savait que tu aurais à plaider la cause de Curius.

— Qui a pu l'instruire si bien ? tu m'étonnes .. En effet, continua Anthénie avec une soudaine résolution, c'est de Curius dont il s'agit, de Curius calomnié lâchement auprès de ton père, de Curius un noble cœur...

Corniole comprit qu'il ne s'était point trompé dans ses conjectures. Anthénie aimait le poëte, elle le prouvait par la vivacité, l'énergie qu'elle mettait à le défendre.

Il l'interrompit froidement.

— Et comme mon père craignait de se laisser séduire par l'éloquence d'une femme cherchant à absoudre l'homme qu'elle aime, il m'a dit : Toi qui a de puissantes raisons pour ne pas te laisser ébranler, tu supporteras parfaitement l'assaut.

Anthénie demeura un instant interdite par ces paroles, mais elle reprit :

— Qui donc prétend que j'aime Curius ?

— Moi le premier.

— Et qu'importe que je l'aime ou non, s'écria Anthénie après un instant de silence, de quoi l'accuse-t-on, quel est son crime ? Dans l'intérêt de la justice, de la vérité il faut qu'on s'explique.

— Et dans l'intérêt de l'amour, Anthénie.

— Soit, en faveur de l'amour. Il est vrai j'aime Curius et je ne sais ce que je ferais pour avoir sa liberté. Faut-il de l'or pour l'obtenir, dans ce siècle ou tout se vend ? je suis riche et j'en donnerai à poignées, mais par pitié qu'on me rende Curius.

— Ton or ne pourrait empêcher le cours de la justice impitoyable pour les chrétiens... et d'ailleurs je suis heureux de la revanche qui s'offre à moi ; immoler Curius c'est t'atteindre directement.

— Ah ! fit Anthénie, c'est donc une vengeance ?

— Tu l'as dit. Rappelle toi, femme oublieuse, que tu t'es jouée de moi, n'est-il pas juste que, blessé par toi, j'agisse contre l'homme que tu préfères ?

— Infortunée que je suis ! s'écria Anthénie. Corniole, reprit-elle ensuite, je t'ai offensé sans doute en refusant avec ironie tes propositions de mariage, reçois mes excuses et que ton ressentiment, s'il doit subsister, retombe sur moi seule.

— C'est difficile, répondit Corniole qui adoucit le ton de sa voix.

— Corniole, fit Anthénie en se jetant à ses pieds, ton cœur ne sera-t-il pas ému de ma prière? pardonne-moi et fais rendre la liberté à Curius.

Corniole releva la jeune femme palpitante d'émotion et plus belle encore sous l'empire des sentiments qui l'agitaient.

— Ecoute, dit-il tout bas, il n'y a qu'un moyen de sauver Curius, il dépend de toi de le vouloir.

— Parle, oh parle vite !

— Signe la promesse d'être à moi, de m'épouser ; en échange de cette promesse tant désirée, Curius sera libre.

Un nouveau silence se fit et Anthénie jeta un regard de profond mépris sur son interlocuteur.

— M'as tu compris ? reprit ce dernier.

Anthénie avait réfléchi, une pensée subite, suggérée par le désespoir, lui était venue.

— Je ne suis pas éloignée d'accepter, dit-elle

en contraignant ses sentiments, viens ce soir chez moi, je serai seule, nous reparlerons de ta proposition.

— Tu deviens moins farouche, belle tigresse, répondit Corniole sur le visage duquel se lisait déjà la joie du triomphe.

— A ce soir, n'est-ce pas ? reprit Anthénie, à ce soir deux heures après le coucher du soleil.

— C'est entendu.

Et Anthénie sortit en se disant :

— Insensé qui croit avoir raison d'une femme !

Genez venait à peine d'être jeté dans le carcere, que des gardes y amenèrent Curius. Ce dernier fut surpris et consterné de se trouver en face de son ami ; il le questionna aussitôt.

— Je n'ai pas voulu contre-signer l'ordre qui menaçait ta liberté.

— Ah ! mon ami, mon véritable ami, je reconnais bien là ton dévouement.

Et les deux jeunes gens s'étreignirent avec une profonde émotion.

— Que te disais-je, Curius, mes pressentiments, tu le vois, ne m'ont point trompé.

— Ne m'accuse pas, si tu savais ce qu'on a dit chez Anthénie, d'odieuses calomnies à l'adresse des chrétiens ; malgré moi je n'ai pu me taire, j'ai exprimé mon indignation.

— Anthénie, sans doute, mêlait sa voix à celle des invités ?

— Non, non, quelles douces et bonnes paroles elle m'a dites... Genez elle m'aime, entends-tu bien ?

— Cet amour te ferait-il oublier notre situation ? répondit Genez, nous sommes perdus.

— Pardonne, ami, j'ose me réjouir quand tu es exposé, à cause de moi, à mourir peut-être, car nos ennemis sont impitoyables ; mais je me souviens, Anthénie m'a fait espérer ma liberté, si ce bonheur arrivait, tu fuirais cette prison à ma place, tu serais libre et j'abandonnerais ce monde, heureux d'être aimé et de m'être acquitté envers toi.

— Crois-tu, répliqua Genez, que j'accepterais ce sacrifice, crois-tu que sans toi je consentirais à franchir ces murs ? jamais, jamais !

Les deux amis passèrent tristement les heures qui suivirent. Genez, désillusionné de la vie, ne regrettait que Curius ici-bas, tandis que celui-ci, tout en tenant la main de son compagnon, songeait, malgré lui, à son amour, à Anthénie.

Ils parlèrent de leur enfance, de leur mère, de leurs espérances détruites et de douces larmes coulèrent silencieusement de leurs yeux puis le soir, au milieu de l'obscurité de la nuit, las de penser, Genez cacha sa tête entre ses mains pour chercher du repos dans le sommeil ; quant à Curius, en proie à mille sentiments, il marcha longtemps en silence dans l'étroit espace où il se trouvait renfermé, puis il tomba à genoux et, dans un élan religieux, il s'écria :

— Mon Dieu qui êtes au ciel, ayez pitié de nous, étendez votre main protectrice sur deux de vos enfants, faites qu'Anthénie obtienne ma délivrance et celle de Genez, faites qu'il ne soit point puni de son dévouement pour moi.

A peine ces mots étaient ils prononcés, qu'un bruit de verroux se fit entendre, la porte s'ouvrit, un vieillard entra.

— Genez, dit-il, tu as sauvé mon fils en l'avertissant du danger qui le menaçait, car il était du nombre des chrétiens qu'on devait arrêter.

ce matin. La reconnaissance me dicte un devoir : celui de te rendre le bien que tu nous as fait. Je suis le geôlier de ce carcere, les gardiens sont occupés à leur repas du soir, j'ai les clefs des portes, je puis à l'instant favoriser ta fuite, mais il faut se presser...

— Dieu soit béni ! s'écrièrent en même temps les deux amis.

— Vieillard, fit aussitôt Genez en désignant Curius, peux tu laisser fuir avec moi mon meilleur ami, victime aussi de ses sentiments religieux ?

— Qu'il vienne, répondit le geôlier.

— Tu seras récompensé de ta bonne action, nous ne t'oublierons jamais, dit Genez en serrant la main de leur sauveur.

Les prisonniers suivirent le géôlier qui les fit traverser de longs corridors, puis une cour où la sentinelle de garde sommeillait ; ils franchirent la dernière porte et se trouvèrent en liberté.

— Mais, fit Genez au vieillard, tu ne peux rentrer dans cette enceinte, car tu serais puni de ta généreuse action, viens avec nous.

— Merci, je vais retrouver mon fils qui est en lieu sûr, que Dieu vous protège !

Et le vieillard disparut.

— Allons vers Anthénie la prévenir de notre délivrance, fit Curius.

Favorisés par la nuit qui enveloppait les rues les deux amis purent atteindre le palais de la patricienne sans être aperçus.

Après avoir pénétré dans la salle où se trouvait Anthénie, ils entendirent sa voix et celle de Corniole. Ils prêtèrent l'oreille.

— Demain, dis-tu ? exclamait Corniole.

— Oui, demain tu pourras annoncer notre union prochaine... mais signe, signe donc cet ordre de délivrer Curius...

— Curius ! j'abhorre cet homme...

— Signe, n'as tu pas ma promesse écrite de t'épouser ?

— Verse-moi, verse encore de ce délicieux Falerne, par Bacchus ! jamais je n'en bus de pareil, verse, cela me réveillera, je me sens engourdi...

— Non, signe, par tous les dieux! finissons-en.

Un silence succéda aux paroles d'Anthénie.

— Ah! fit-elle ensuite, le misérable s'endort et Curius n'est pas sauvé.

— Il est libre, lui dit tout bas Curius qui venait d'entrer suivi de Genez.

— Que vois-je, toi ici... toi, comment se fait-il? s'écria Anthénie.

Tous deux s'embrassèrent avec effusion, puis Curius raconta tout : le dévouement de Genez, leur résignation dans la prison et l'apparition du vieillard.

— Ami de Curius, dit Anthénie à Genez en lui tendant la main, accepte mon amitié, tu es un noble cœur.

A son tour elle fit le récit de sa visite au Préfet, de la présence de Corniole chez ce dernier — alors, ajouta-t-elle en s'adressant à Curius, je songeai à le faire venir ici pour obtenir de lui l'ordre de ta mise en liberté en retour d'une promesse de mariage. Dans ce flacon de Falerne, que tu vois, j'avais introduit un narcotique qui devait me débarrasser de lui jusqu'à demain, je lui reprenais le parchemin où je contractais un engagement et j'avais le temps de courir à ta prison et de fuir avec toi.

— Il s'est endormi avant de signer ? dit Curius.

— Oui, mais tout est réparé puisque tu es là. Je reprends le parchemin et hâtons notre départ.

Elle arracha à Corniole endormi la promesse de mariage quelle déchira, puis s'adressant aux deux amis :

— Nous trouverons en bas des chevaux déjà préparés par un serviteur dévoué, partons.

— Où nous conduis-tu ? demanda Curius.

— A Rome, auprès de l'Empereur. J'ai des amis puissants, nous obtiendrons la destitution du Préfet.

Une heure ne s'était point encore écoulée qu'ils chevauchaient rapidement tous trois, déjà bien loin de la ville, sur la voie d'Arles à Marseille et Curius disait à Genez en lui désignant Anthénie :

— Eh bien ! maintenant crois-tu qu'elle m'aime ?

Genez répondait :

— Ta vie pour payer cet amour !

. . . .

Deux mois après, Genez était salué Préfet d'Arles et Anthénie, qui avait embrassé la religion nouvelle, s'unissait à Curius.

Verneuil cessa de parler, Mme de Larcey et Emerance, qui l'avaient écouté en silence, le remercièrent du récit qu'il leur avait fait entendre et les touristes, laissant leur voiture les suivre à distance, arrivèrent bientôt à *Costebelle*, petit coin de terre rapproché de la ville. offrant un charmant séjour aux nombreux étrangers qui y résident. Là, Mme de Larcey se reposa un instant sur le tronc d'un arbre couché sur le sol, tandis qu'Emerance cueillait des violettes, ces petites fleurs odorantes, aimées de tous, peut être à cause de leur humilité, cachées quelles sont sous les herbes, ou peut-être aussi parce qu'elles annoncent le printemps.

Verneuil suivait du regard tous les gracieux mouvements de la jeune femme qui revint bientôt, avec sa moisson de fleurs, s'asseoir auprès de sa tante, puis, lorsqu'elle eut formé un bouquet quelle lia avec un brin d'herbe flexible, elle l'attacha à sa ceinture et tous trois continuèrent leur promenade; mais le bouquet, mal retenu, s'échappa sans qu'Emerance s'en aperçut, l'artiste le ramassa aussitôt et le glissa furtivement dans son gilet.

— Mon bouquet? fit tout à coup la jeune femme, je l'ai perdu...

Et elle cherchait autour d'elle aidée par le traître Verneuil qui tout bas osa lui dire :

— Je crois, madame, que nous devrions cesser nos recherches; jaloux de posséder des fleurs touchées par vous, un passant aura voulu les posséder, auriez-vous la cruauté de lui en vouloir, ne lui faites-vous pas l'aumône de ces fleurs ?

Emerance comprit-elle, devina-t-elle quel était l'auteur du larcin? On ne sait; ce qui est certain, c'est qu'elle reprit le sérieux de son caractère et ne reparla plus du bouquet.

Les touristes remontèrent en voiture et rentrèrent à Hyères.

Le mois de mars arrivait; la campagne d'Hyères, qui ne change point d'aspect durant l'hiver, renouvelle, à cette époque de l'année, son luxe de verdure et de fleurs sous un ciel azuré; l'atmosphère s'emplit de plus chaudes haleines, la fauvette fait entendre son chant joyeux mêlé aux notes cadencées et mélodieuses du rossignol, cet admirable chantre du printemps et l'eau babille dans les ruisseaux bordés d'iris et de violettes; aussi Verneuil, son album à la main, venait-il chaque jour, à l'ombre d'un caroubier ou d'un olivier, crayonner pendant de longues heures, les paysages ravissants qui s'offraient à sa vue.

De leur côté Mme de Larcey et sa nièce, laissant l'artiste à ses travaux, se rendaient dans les habitations pauvres, auprès de malades ou d'infirmes auxquels elles prodiguaient, sans ostentation, des secours en argent et des paroles consolantes.

Un jour pourtant Verneuil se joignit à ses deux compagnes et tous trois, franchissant une habitation des anciens quartiers, pénétrèrent dans une chambre que garnissait un modeste mobilier soigneusement entretenu. Là se trouvait un ancien serviteur de Mme de Larcey, homme à douce physionomie, qui en voyant entrer des visiteurs voulut se lever du siège qu'il occupait pour les saluer, mais la douleur que son mouvement trop rapide lui fit éprouver l'obligea a demeurer immobile. Il avait reconnu les deux dames et son regard leur adressa un sourire.

— Toine, lui dit en provençal Mme de Larcey,

je vous apporte une potion qui calmera vos souffrances. Le médecin m'a assuré que si vous avez le soin d'en prendre le soir, en vous mettant au lit, vous pourrez sommeiller.....

— Vous êtes toujours la même, madame, toujours bonne, répondit le malade en s'exprimant dans la même langue, je ferai ce que vous me conseillez bien que je me demande souvent qu'elle serait l'utilité d'une guérison ; ayant perdu ma femme, ma Miette regrettée, ainsi que notre unique enfant, plus rien ne me retient ici bas.

— Mon ami, répondit Madame de Larcey, Dieu ne permet pas le découragement chez ceux qu'il éprouve, il faut au contraire se résigner aux duretés de la vie. Je reviendrai vous voir, allons, du courage...

— Tenez, fit Emerance, remettant une pièce d'or au vieillard, voici qui vous permettra de vous mieux soigner.

— Merci, madame, fit celui-ci en portant à ses lèvres la main que la jeune femme lui tendait, que le ciel vous accorde... un bon mari.

En disant ces derniers mots, sans malice aucune, le malade dirigeait son regard vers l'artiste qui complétait l'offrande.

Emerance resta confuse et une subite rougeur, que remarqua Verneuil, vint colorer ses joues; mais elle se tourna aussitôt vers sa tante et les visiteurs sortirent silencieusement de la chambre.

— Ma mère, que je compte avoir l'honneur de vous présenter prochainement, fit Verneuil, s'adressant à Mme de Larcey — en vue de reprendre l'entretien et de rompre l'impression produite par les derniers mots du vieillard — s'exprime volontiers comme vous, madame, en langue provençale, langue que je comprends, mais dont j'ai perdu l'usage.

— Le provençal que j'apprécie beaucoup et que je ne puis me résigner à considérer comme un patois, répondit la tante d'Emerance, est si expressif qu'il est souvent difficile d'en traduire certains mots, nombreux d'ailleurs, n'ayant pas de synonymes dans le français par la raison qu'ils renferment à eux seuls le sens de toute une phrase.

Les idiomes du Nord de la France, ou plutôt la langue d'Oïl, a des consonnances dures et brèves qui n'ont rien d'harmonieux à l'oreille, tandis que le provençal, c'est-à-dire la langue d'Oc — où le français a pris naissance en grande partie — a puisé ses racines dans le celtique ainsi que dans le grec, le latin et même dans l'arabe, dialectes dont il a la sonorité...

— Mais le provençal, interrompit Verneuil, n'est point je crois parlé ou prononcé d'une manière identique dans nos pays méridionaux?

— En effet, et il ne saurait en être autrement, quelles contrées ont été plus souvent parcourues que les nôtres par des peuples divers? chacun d'eux y a laissé, çà et là, la trace de son séjour plus ou moins prolongé par des mots qui se sont mêlés à l'idiome indigène tout en subissant, avec le temps, des altérations en harmonie avec ce même idiome.

Je me souviens, ajouta en souriant Mme de Larcey, que de longues dissertations ont eu lieu, entre savants, sur la question de savoir si le parler niçois, avec des finales en *a* ou en *t*, constituait un idiome spécial, alors que les autres populations du littoral emploient les mêmes mots, mais à terminaison en *o* ou en *é*; ainsi un habitant de Marseille dira : *Canebiero* et le niçois prononcera : *Canebiera* sans se douter, le plus souvent, que le nom vient du latin *cannabis*, chanvre, plante que l'on faisait sécher autrefois là où s'élève aujourd'hui le palais de la Bourse. Pour moi, quelles que soient les terminaisons, l'idiome est le même, à Marseille comme à Nice, c'est toujours la langue naïve des troubadours du Moyen-Age et des félibres de nos jours qui est en usage.

— Ma tante a une telle affection pour l'idiome dont il s'agit, fit Emerance s'adressant à Verneuil, qu'à Paris, lorsque le hasard la met en présence d'une personne que par son accent on reconnaît être provençale, elle fait son possible pour lui parler sans se soucier, bien entendu, de la condition sociale de cette personne.

— Notre langue maternelle, reprit Mme de Larcey, répondant à sa nièce, a pour nous une sorte d'attraction, c'est comme un signe maçonnique qui nous fait reconnaître et assister par nos compatriotes dans n'importe quelle contrée où le vent de la fortune nous pousse.

Les trois touristes s'asseyaient souvent, après le déjeuner du matin, sur des sièges disposés le long de la place des Palmiers, lieu où le panorama, toujours nouveau, de la vallée et de la mer se déroule au regard ; là se rencontre une foule d'étrangers parmi lesquels des convalescents, ou des personnes affaiblies par la maladie, se réchauffent aux rayons d'un soleil bienfaisant — Et Mme de Larcey expliquait à Verneuil que l'affluence d'étrangers à Hyères était due aux observations de médecins distingués ayant constaté les bienfaits que procurent aux natures délicates et à certains malades, non seulement le climat du midi, mais en particulier les stations hivernales éloignées quelque peu de la mer.

D'autres fois les touristes parcouraient les jardins qui environnent la ville, dans lesquels de nombreux horticulteurs cultivent, au milieu d'orangers et de citronniers, des plantes exotiques pour obtenir, soit des rejetons, qui sont transportés dans d'autres régions, soit des graines pour semis — Ces jardins, généralement vastes, où la cassie répand son parfum exquis, où le géranium et les roses étalent leurs nuances éclatantes, où les nénuphars se balancent au-dessus de ruisseaux murmurants, pendant que des cèdres, des bananiers, frémissant sous le souffle de la brise, font songer aux savanes mystérieuses de l'Amérique.

D'autrefois encore ils suivaient le chemin de *Val fleuri* bordé de pervenches — cette fleur aimée de Jean-Jacques Rousseau — étendant ses lianes flexibles au milieu de buissons d'aubépines.

VIII

Fenouillet. — Une cour d'amour

C'est ainsi que les semaines s'écoulaient pour les touristes. Déjà Mme de Larcey parlait de départ — c'était un glas funèbre pour Verneuil ; ne plus voir Emerance, la perdre peut-être pour toujours, serait-ce possible ! Dans une perplexité d'esprit et de cœur toujours croissante, il attendait une occasion où il lui serait permis de se dévoiler. Il lui paraissait être arrivé au suprême instant de son existence, il lui semblait que sans Emerance il n'y avait plus pour lui ni amour, ni art, ni bonheur ici-bas.

Quelques jours seulement restaient à Verneuil pour se décider à faire un aveu ; grand était son embarras, car d'un côté il lui fallait vaincre son insurmontable timidité et de l'autre il craignait que toutes ses espérances, conçues en secret, ne fussent détruites d'un seul mot, comme un souffle fait écrouler le château de cartes qu'élève un enfant.

Aussi l'artiste n'apportait-il plus, aux heures où il se trouvait en présence des deux femmes, aucune liberté d'esprit, le front assombri, le cœur chargé d'appréhensions il écoutait sans entendre et répondait diffusément.

Mme de Larcey avait remarqué le trouble intérieur de son jeune compagnon et ses lèvres exprimaient alors un sourire empreint de sentiments si divers qu'il eût été difficile d'en préciser le sens.

Les choses en étaient là, lorsqu'un matin, se trouvant seule avec Verneuil, elle lui dit :

— Nous aurons demain une dernière excursion à faire, me prêterez-vous, cher artiste, l'appui de votre bras, nous gravirons la montagne de Fenouillet.

— Je suis à vos ordres, madame, se hâta de répondre Verneuil, cette excursion sous votre aimable direction complètera le bilan de mon séjour à Hyères.

— Me permettrez-vous de vous demander, monsieur, puisque bilan il y a, s'il présente plus d'actif que de passif?

— Je ne puis préciser encore, madame, les additions ne sont point faites, cependant je puis affirmer que jusqu'à ce jour, grâce à votre bienveillance pour moi, l'actif est important.

A cette réponse Mme de Larcey ne put s'empêcher. cette fois, de sourire bien franchement en tendant la main à l'artiste qui la serra respectueusement.

Et le lendemain matin Mme de Larcey et ses jeunes compagnons, arrivés à la base de Fenouillet, commencèrent une laborieuse ascension, à travers la montagne, par un sentier où le pied foulait une végétation de plantes aromatiques telles que le serpolet, le thym, la lavande et le romarin, en heurtant des touffes de genévriers, de bruyères et de houx.

Parvenus au point culminant de la montagne,

après avoir laissé en arrière une forêt de chênes-liège, de pins et d'arbousiers, les touristes restèrent émerveillés du spectacle qui leur était offert.

La vue embrassait à la fois la plaine et le village de la Crau ; plus loin la Farléde ; un peu vers le nord et sur le flanc d'une colline presque à pic, le village de Hauteville, où se trouve une église datant du onzième siècle ; puis au bas de ce coteau la gracieuse ville de Solliès-Pont et sa fertile vallée ; au fond une superposition de monts dont l'œil ne peut découvrir les limites ; à droite vers l'est, le village de Pierrefeu assis sur une éminence ; au couchant l'immense plaine qui s'étend depuis Fenouillet jusqu'à la base de Coudon et de Faron ; à gauche et vers le sud-ouest, les ruines de La Garde au-delà desquelles miroite la mer.

Emerance, depuis quelques instants, promenait un regard songeur de la Garde à Pierrefeu.

— J'ai contracté, dit-elle tout-à-coup en s'adressant à Mme de Larcey et à Verneuil, une dette dont je désire m'acquitter ; ce lieu me semble merveilleusement disposé pour un nouveau récit.....

— En effet, interrompit Mme de Larcey, lors

de ton séjour à La Garde, chez un de nos amis, tu avais pris des notes et tu m'avais promis...

— Un épisode se rattachant à l'un des seigneurs de la Garde, répliqua la jeune femme, asseyons-nous sur ce quartier de rocher et veuillez m'écouter :

UNE COUR D'AMOUR

ÉPOQUE DU MOYEN-AGE

— On ne peut se trouver en face de ruines féodales, dit Emerance, de vieilles forteresses au sombre aspect — desquelles s'élance un donjon qui semble défier le temps — de ruines semblables à celles du château de la Garde, sans que l'imagination ne vienne à errer dans le passé ; alors, une époque — le moyen-âge avec ses manifestations poétiques, ses élans généreux et son culte escorté de démons et de fées — se déroule à la pensée.

On semble voir, au milieu de ces vestiges, une immense salle sur les murs de laquelle sont appendues des lances et des armures, puis au milieu d'elles, un groupe de nobles chasseurs dépeçant ou faisant dépecer le daim, le sanglier tués la veille, pendant que des varlets répandent dans de larges gobelets un vieux vin d'Espagne.

D'autres tableaux se présentent encore à l'esprit : pendant que la meute poursuit le cerf aux abois, on aperçoit dans les clairières, assises sur leurs montures fringantes, de nobles châtelaines prêtant l'oreille à l'hallali retentissant ; dans la plaine, une multitude de cavaliers, revêtus de fer, prêchant la croisade pour conquérir la Terre-Sainte ; puis enfin des chevaliers, le cœur plein d'amour pour leur ingrate amie, dont ils portent les couleurs, brûlant de s'illustrer dans de brillants tournois.

Etrange époque, en vérité, que ce moyen-âge où l'esprit humain se débattait entre un passé honni et un avenir obscur, incertain, où les lois de la morale, trop longtemps confondues avec l'abus de la force, cherchaient à se faire jour.

En ce temps-là, un rôle important fut rempli par la femme. La femme relevée par le christianisme de l'état d'infériorité dans lequel l'avait laissée les civilisations éteintes, étendit son influence sur la sphère des idées ; grâce à elle on entendit bientôt à travers le monde retentir au lieu du cri : *guerre ! guerre !* cet autre cri : *guerre pour l'amour !* C'est-à-dire amour pour la morale, amour pour le bien, amour pour les arts.

Alors, sous l'empire de principes pieux et féconds, des associations se formèrent, des corps d'état furent créés, la franc-maçonnerie apparut pour élever de splendides édifices religieux que les siècles nous ont conservés et la chevalerie, cette généreuse institution féodale, naquit et grandit.

Les trouvères qui professaient *le gai saber* ou la gaie science, poètes tour à tour élégiaques ou satiriques, vinrent célébrer la vertu, ou flétrir le vice, tout en prêtant au langage une accentuation moins rude et moins brève, des formes plus souples et plus élégantes.

La Prouence, ou Provence, a été en quelque sorte le berceau de cette régénérescence intellectuelle; des cours d'amour établies soit à Avignon, soit à Pierrefeu, à Aix ou à Signes, s'ouvraient à des époques déterminées. Là de nobles dames rendaient, sur les questions de morale et les sentiments du cœur, des décisions qui protégeaient l'innocent, soutenaient l'opprimé et plaçaient l'amour, sous toutes ses formes, au-dessus des intérêts vulgaires.

Ces tribunaux n'avaient aucun moyen légal

de faire exécuter les arrêts rendus ; mais l'opinion publique se chargeait de les faire respecter en flétrissant hautement le seigneur, quelque puissant qu'il fût, qui n'en aurait point tenu compte.

En l'année 1230 le château de la Garde appartenait au baron Raymond, un descendant du célèbre Escalin des Aymars. Ce seigneur possédait un fils nommé Raoul, pour lequel il formait d'ambitieux projets de mariage.

Raoul avait vingt ans ; c'était un jouvenceau à la taille élancée, à belle et douce physionomie, à noire et longue chevelure, aux manières accortes; aussi les damoiselles de la contrée soupiraient-elles tout bas en songeant à lui ; mais Raoul, lui, restait indifférent à leurs innocentes coquetteries, à leurs marques de sympathie. C'est qu'il avait au cœur un profond amour pour Eléonore de Cabestaing, une des plus belles filles de Provence.

Instruit de la passion de son fils, le baron déclara vertement à Raoul qu'il n'approuverait jamais une union avec la fille d'un gentillâtre ruiné, qui ne possédait même pas le Castel de Tamagnon (1) dont il faisait son habitation,

(1) Ce château situé entre la Garde et la Crau porte aussi le nom de château de la Reine Jeanne.

attendu que le comte de Provence ne le lui avait cédé que temporairement.

De son côté. le seigneur de Cabestaing, père d'Eléonore, ayant appris que Raymond dédaignait son alliance, interdit à Raoul l'entrée de son Castel. Les larmes et les prières de sa fille ne purent rien changer à sa détermination et pour enlever tout espoir au jeune amoureux, il annonça publiquement le prochain mariage d'Eléonore avec un de ses parents, le seigneur du Muy.

Le cœur rempli de désespoir et de jalousie Raoul eut recours à un moyen violent pour arriver à ses fins.

Un matin, accompagné de jeunes seigneurs, ses amis, déguisés comme lui en pélerin, il pénétra, en l'absence du sire de Cabestaing, dans le Castel de Tamagnon ; là Raoul et ses amis se rendirent maîtres des archers et varlets, enlevèrent Eléonore presque évanouie de frayeur et la conduisirent dans la maison d'un garde-chasse dévoué à Raoul. Après que ce dernier eut sollicité et obtenu le pardon de la jeune fille, il lui dit : — Courage ! douce et noble amie, attendez-moi, sous peu je serai votre époux, mieux vaut déplaire un jour à son père que pleurer toute la vie.

Après ces paroles il se sépara de la jeune fille.

. . . .

C'était un charmant coup d'œil qu'offrait la cour d'amour de Pierrefeu le jour qui suivit l'enlèvement d'Eléonore.

Qu'on se figure une immense salle dépendant du castel de la belle Rostangue ; dans cette salle de nombreux gradins au centre desquels se trouvent le siège somptueux de la présidente et ceux de ses conseillers féminins; dans l'hémicycle, de jeunes chevaliers circulent en jetant à la dérobée de tendres regards à la dame de leur pensée assise parmi les nombreuses châtelaines spectatrices venues là de toutes les parties de la Provence pour assister aux délibérations de la Cour.

Ici des troubadours tiennent un parchemin sur lequel sont écrits les vers qu'ils doivent réciter où *le tenson* qu'ils se proposent de soumettre à l'appréciation de la Cour; près d'eux des jongleurs, sortes de poètes comédiens; plus loin des écuyers aux armures étincelantes, à la démarche fière, là de jeunes pages au costume et aux manières gracieuses.

Ce luxe déployé dans la décoration de l'auditoire où des gerbes de fleurs répandent un parfum suave ; ces jeunes hommes bardés de fer, pour la plupart, mais dont la physionomie toute martiale est empreinte de chaleureux sentiments ; ces châtelaines, laissant entrevoir la forme svelte de leur taille et l'élégance de leur chevelure coquettement tressée, forment un ensemble qui séduit l'esprit et les sens.

Cette réunion d'hommes et de femmes, guerriers, poètes et musiciens, n'est autre que celle des descendants de farouches conquérants, c'est une génération nouvelle qui transforme ses idées et ses mœurs, c'est le Franc cherchant à oublier son origine barbare pour se grandir et s'ennoblir par les arts, à ressaisir, au milieu des ruines littéraires amoncelées, le flambeau intellectuel des temps antiques.

L'attention des assistants se concentre sur les récentes décisions rendues par diverses Cours, dont extraits leur sont distribués et sur les aphorismes suivants gravés en lettres d'or au milieu de plaques de marbre et qui font partie du *code d'amour*.

« Qui ne sait céler ne peut aimer.

« L'amour doit toujours augmenter ou dimi-
« nuer.

« L'amour a coutume de ne loger dans la mai-
« son de l'avarice.

« Le véritable amant est toujours timide. »

Les portes de l'auditoire s'ouvrent tout-à-coup et dix dames présidentes apparaissent accueillies par un murmure flatteur. Elles vont se placer sur des sièges vacants autour de Stéphanette, fille du comte de Provence et première présidente de la Cour ; à droite de cette dernière se voient belle dame Rostangue et célèbre dame Mabille.

Stéphanette consulte la Cour sur l'ordre de la séance ; puis elle se dresse et de la main elle commande le silence. Toutes conversations cessent à l'instant et le regard des assistants se concentre sur la noble présidente qui dit à l'assemblée :

— La séance se divisera en trois parties

Nous entendrons les nouvelles compositions poétiques des troubadours et donnerons notre avis.

Nous écouterons les *tensons* des chevaliers et viderons le différend.

Nous déciderons sur toutes les questions qui seront adressées et ferons en sorte que la justice préside à nos arrêts, que la félonie soit justement flétrie.

Stéphanette cesse de parler, l'assemblée applaudit, quelques troubadours s'avancent en tenant leur pièce de vers. L'un récite une *pastorelle*, façon d'églogue, se terminant par les conseils que donne le poète au berger et à son amie.

Un autre lit une *aubade* où deux amants expriment leur chagrin de se séparer, car le jour apparaît à l'horizon; un autre encore vient dire un *sirvente* qui excite la gaité de l'assemblée. D'autres troubadours se font encore écouter et sont ou ne sont pas applaudis selon que leur œuvre est plus ou moins goûtée.

Après eux se présentent des chevaliers qui ont un *tenson* à débattre. Lorsqu'elle a entendu l'une et l'autre partie, la cour féminine se retire pour délibérer et revient bientôt apporter son jugement considéré comme définitif par la plupart des chevaliers; cependant quelques-uns annoncent n'être point convaincus et se proposent d'en référer encore à une Cour souveraine.

Au moment ou Stéphanette fait part d'un dernier arrêt, Raoul pénètre dans la salle, suivi des jeunes seigneurs qui lui ont prêté assistance la veille. Sa bonne mine, l'élégance de son costume, la distinction de ses manières le font remarquer aussitôt. Il salue respectueusement la Cour et demande la parole en ces termes :

— Nobles dames, je sollicite aide et assistance.

— Expliquez-vous, jeune sire, répond Stéphanette avec bonté, nous savons qui vous êtes, le mérite et la bravoure de vos ancêtres sont connus, nous vous serons utiles s'il se peut.

— Nobles dames, reprend Raoul encouragé par les paroles de Stéphanette, pris d'amour profond pour Eléonore de Cabestaing, j'ai supplié mon père, le seigneur Raymond de la Garde, de m'unir à elle. Il a refusé, disant : que ma mie n'a ni serfs, ni terres, ni manoirs.

Le sire de Cabestaing se proposant de marier Eléonore avec le seigneur du Muy, qu'elle désagrée, j'ai ravi ma mie du castel de son père et l'ai confiée à des mains féales. Pensant qu'amour vaut mieux que richesse, je viens demander à la Cour s'il est séant, par raison de pauvreté, de séparer deux cœurs pris d'amour. Répondez hautes dames, dites, si me blâmez et suis indigne et félon d'avoir arraché ma gente mie du castel de Tamagnon, pour empêcher l'union qui la ferait mourir et, si ne me trouvez féal, aidez-moi : faites que ma mie me soit baillée.

Raoul cesse de parler, un chuchotement approbateur se fait entendre. Les chevaliers jurent tout bas qu'ils empêcheront le seigneur du Muy d'épouser Eléonore ; les troubadours se promettent d'écrire les amours de Raoul et assurent que dans tous les castels on connaîtra bientôt la conduite barbare de sire Raymond.

Sur un signe de Stéphanette, les dames qui l'entourent se lèvent et la suivent dans la salle des délibérations ; toutes reviennent bientôt, Stéphanette prend la parole et dit :

— La Cour d'amour de Pierrefeu, décide :

« *Sur la question d'enlèvement :* Raoul de la « Garde a agi en fol jouvenceau, en ravissant sa « mie Eléonore du castel de son père, la Cour « repousse de pareils faits quoique les sentiments « de sire Raoul lui semblent honnêtes.

« *Sur la question d'amour :* amour devant être « sacré, aucuns ne peuvent séparer ni désunir « deux cœurs ; sire Raymond de la Garde a perdu « souvenance qu'amour passe richesse.

« Or, octroyons mandat aux sires chevaliers, « écuyers, pages, troubadours et jongleurs, ci- « présents, d'accompagner Raoul au castel de son « père, afin que sache notre jugement et, en féal « seigneur, se rendre à nos avis et tous iront « de là, avec dame Mabille, faire conduite à da- « moiselle Eléonore de Cabestaing au castel de « Tamagnon. Ce fait, tous encore, reviendront à « Pierrefeu prendre part au festin qu'offre noble « Rostangue dame de céans.

. . . .

Le baron Raymond, voyant arriver auprès de lui un groupe de jeunes seigneurs qui le pressaient, conformément à la décision de la Cour, de consentir à l'union de Raoul et d'Eléonore entendant ce bruit d'armes, qu'ils portaient, lui rappelant le temps de sa jeunesse, ne put demeurer inflexible et promit ce qui lui était demandé. De son côté le sire de Cabestaing, heureux de revoir Eléonore, fit la même promesse que le baron Raymond.

IX

L'aveu. — Explications. — Conclusion.

Emerance avait terminé son récit, un silence de quelques instants se fit.

Le soleil déclinait vers l'horizon, la nuit arrivait, aucun bruit, aucun son ne troublaient la profonde solitude que domine Fenouillet, si ce n'étaient au loin le grelot d'une chèvre mutine, broutant sur la montagne, le sifflet du pâtre qui l'appelait et par intervalles, le chant éloigné du cultivateur s'acheminant vers sa demeure. Toute la nature était empreinte d'on ne sait qu'elle sorte de tristesse et de sauvage poésie, qui forçait à se taire et à rêver.

L'air s'était rafraîchi. Emerance avait enveloppé ses bras dans son châle et les avait croisés sur sa poitrine. Tantôt la brise faisait flotter sur son visage la plume de son chapeau, tantôt il la rejetait en arrière et mettait ainsi à découvert ses traits charmants que l'émotion du récit qu'elle venait de faire avait légèrement colorés ; elle était vraiment belle à voir ainsi et pourtant Verneuil ne lui accordait qu'un furtif regard ; il paraissait en proie à un sentiment exclusif et dominateur. Un instant ses lèvres s'entr'ouvrirent comme pour laisser échapper le trop plein de son âme et tout aussitôt une réflexion, sans doute, venait les refermer de nouveau.

— Nous sommes en vérité bien peu convenables vis à vis de toi, chère enfant, dit enfin Mme de Larcey, nous oublions de te remercier de ton récit.

— Oh pardon ! fit tout aussitôt Verneuil, en enveloppant de ses ardents regards la jeune femme rougissante, c'est votre récit lui-même qui est cause de mon ingratitude envers vous, madame.

— Vraiment ! reprit Mme de Larcey, serait-ce la cour d'amour qui vous ferait ainsi rêver sans crainte de violer les lois sacrées de la chevalerie? Ah ! beau sire, vous êtes par trop félon, et...

— Tout en plaisantant, madame, interrompit Verneuil, vous dites vrai ; je sentais à l'instant même s'éveiller en moi le regret que les temps où régnait la chevalerie fussent si loin de nous.

— Avec quel air grave vous nous dites cela, s'écria Mme de Larcey, auriez-vous par hasard, beau troubadour, quelques vers à nous réciter, quelques tensons à soumettre à dames Mabille et Stéphanette ? Eh bien ! imaginez-vous que vous êtes devant le savant aréopage de Pierrefeu..... Nous vous écoutons.

— Ah ! s'il en est ainsi, dit Verneuil palpitant et entraîné, je vous demanderai qu'elle doit être la récompense que l'on doit à un homme, qui en présence de celle qu'il aime avec passion, a durant cinq mois interdit à ses yeux un regard d'amour, à ses lèvres un aveu et...

— C'en est assez, dit avec quelque sévérité dans la voix, Mme de Larcey, tandis qu'Emerance s'était levée et s'éloignait. Je représente en ce moment dame Stéphanette et en ma qualité de présidente de la Cour d'amour, je dirai à ce maladroit amoureux de soupirer tout bas longtemps encore parce que timidité et silence sont inséparables de véritable amour, rappelez-vous cette devise du code d'amour.

— Ah! vous êtes cruelle, madame, dit avec dépit Verneuil, qui se dirigea vers la ville avec ses deux compagnes.

Qui de nous, durant un long et pénible voyage, n'a entrevu de loin, à travers les brumes de l'horizon, le clocher d'une ville ou d'un village et ne l'a salué du cœur, comme terme de sa fatigue, comme l'oasis tant souhaité, alors qu'après des détours sans fin, dans les bois ou les montagnes, ce clocher, qui paraissait rapproché, semble s'éloigner à mesure que nous allons vers lui?

Qui de nous, encore, n'a subitement vu se changer en amères déceptions des espérances longtemps nourries et caressées, des espérances qui avaient pourtant pris toutes les formes et toutes les proportions de la réalité?

Mon Dieu! l'histoire du cœur humain renferme-t-elle d'autre épopée? et l'homme ne ressemble-t-il pas à l'enfant courant après un lumineux papillon, que haletant, couvert de sueur il atteint enfin pour voir l'insecte ailé s'échapper de sa main et ne laisser sur ses doigts qu'un peu de poussière!

Verneuil avait passé par ces péripéties du cœur. L'heure si longtemps cherchée et attendue où il pourrait révéler ses sentiments à la femme qui avait pris dans ses mains son existence à lui, pour la flétrir ou la lui rendre pleine de rayons dorés ; cette heure était arrivée, il avait parlé et voilà qu'aussitôt un mot, une sévère inflexion de voix de Mme de Larcey l'avait subitement foudroyé. Du faîte de toutes ses illusions charmantes et de ses espoirs, le timide artiste avait roulé dans un abîme de doutes, d'irrésolutions et de désespérances.

Il marchait silencieux à côté des deux femmes, n'attachant plus sur les objets qui frappaient sa vue qu'un regard morne et désanchanté, tandis qu'elles s'entretenaient de banalités, de fleurs, de nuages, sans se douter, peut-être, qu'auprès d'elles il y avait un homme dont elles broyaient le cœur et l'esprit.

On arriva ainsi à la porte de l'hôtel ; là, après s'être incliné respectueusement, Verneuil dont la tête et le cœur bouillonnaient, franchit d'un bond l'escalier, pénétra dans sa chambre, jeta de côté son chapeau et sa canne et s'affaissa sur le divan.

Pendant plus de deux heures il resta là, anéanti, brisé ; des larmes montaient de son cœur à ses yeux, des sanglots l'étouffaient.

— Ma mère, s'écria-t-il, pour cette femme je

t'avais oubliée ; pour elle encore j'ai presque vu s'éteindre toutes mes aspirations d'artiste, j'ai délaissé ma palette et mes pinceaux ; je ne suis plus qu'une misérable machine.

Que ne suis-je resté humble et obscur ; qu'ai-je été chercher à Paris ? la gloire ! mais qu'est-ce que la gloire ? un parfum pour notre vanité, rien de plus, et qu'est-elle enfin sans amour ?

Ah ! j'aurais dû vivre où je suis né ; j'aurais marché terre à terre, j'aurais fini par me faire aux façons du village... au printemps voir fleurir ma vigne, mesurer cent fois le jour l'étendue de mes terres; entasser dans un sac le prix de mes récoltes, puis le jour venu, choisir une ménagère dont la dot serait discutée à l'avance, n'est-ce pas là le bonheur ?

Pitoyable folie qui m'a poussé dans un monde de rêves insensés, de chimériques et irréalisables espoirs, qui m'a montré des cieux flamboyants, des étoiles lumineuses pour arriver à m'entendre dire : C'en est assez !

Lorsque l'artiste, entraîné par sa nature ardente, eut ainsi ressassé en tous sens sa douleur, le timbre de la pendule fit entendre neuf heures ; il se leva.

— Il le faut, fit-il je veux savoir, puis tout sera dit !

Il descendit un étage et frappa à une porte qui s'ouvrit aussitôt.

Mme de Larcey, seule dans son salon, se trouvait à demi effacée par les pénombres que projetait autour d'elle une lampe surmontée d'un abat jour. Un livre, sur lequel convergeaient toutes les clartés de cette lampe, était ouvert sur la table où elle s'accoudait ; son visage avait une empreinte de quiétude et de sérénité et sur ses lèvres errait un de ses plus doux sourires.

Au bruit que fit Verneuil en entrant elle leva la tête.

— Mon Dieu ! s'écria-t-elle comme vous voilà pâle et défait, vous souffrez, cher artiste ?

— Oui, madame répondit Verneuil, je souffre et je viens vous présenter mes respects et mes..... adieux.

— Quoi ! vous partez ! mais pas ce soir j'imagine ?

— Ce soir, madame ; mais avant de m'éloigner pour toujours, j'ai voulu vous dire que je suis malheureux, qu'un amour, dont je n'ai pu me rendre maître, a bouleversé ma raison et mon cœur ; j'ai voulu vous dire que cet amour m'a fait un instant rêver l'impossible et que je dois m'en sevrer en fuyant bien loin. Il me faut enfin l'avouer : je n'ai pu me défendre d'aimer votre nièce ; je l'ai aimée sans savoir s'il y aurait des obstacles, si votre volonté à vous, si sa sympathie à elle pouvaient me permettre l'espoir. Voilà ma faute, j'ai agi comme un fou, l'expiation est venue. J'ose implorer mon pardon de vous, madame, et je pars.

— Enfant que vous êtes, interrompit Mme de Larcey, veuillez attendre un instant.

Elle entra aussitôt dans une chambre attenante au salon, et revint quelques minutes après suivie d'Emerance.

— Chère, bien chère enfant, dit-elle toute émue à cette dernière, monsieur Verneuil demande ta main. Veux-tu la lui accorder ? Quant à moi je t'en prie...

— J'obéirai, dit tout bas la jeune femme, avec un sourire dans lequel il y avait un mélange de sournoiserie, de malice enfantine et de joie.

— Dieu de bonté, s'écria l'artiste, n'est-ce pas un songe?

— Non, non, ceci est bien réel, dit Mme de Larcey en réunissant dans les siennes les mains des deux jeunes gens. Sachez donc, aveugle que vous êtes, qu'Emerance vous aime, qu'elle est libre de disposer de sa personne et de sa fortune, qu'elle est veuve du colonel de Larcey mon neveu, tué hélas ! au Tonkin. Dois-je ajouter qu'en ce moment elle est aussi heureuse que vous, et que moi-même, acheva-t-elle en essuyant de douces larmes.

— Mon cœur, dit Verneuil en tombant aux genoux de la jeune femme, mon cœur pourra-t il contenir tant de joies saintes et sublimes !.....

— Veuillez m'entendre, fit Emerance, en relevant l'artiste :

Deux ans à peine se sont écoulés depuis la mort de mon mari auquel j'étais si profondément attachée qu'en apprenant sa fin prématurée je jurai, en quelque sorte, de ne jamais me remarier, de conserver dans mon cœur son nom et sa mémoire.

Les femmes prennent sérieusement, plus fréquemment que les hommes,de telles résolutions, car, on ne saurait en douter, l'attachement de ces derniers pour l'épouse que le ciel leur donna est moins vif est moins durable que le notre ; la femme ne vit-elle pas exclusivement par le cœur ?

Je vous connus et j'avoue que vous produisites sur moi une impression que je cherchais à combattre en la dissimulant. J'avais compris que vous m'aimiez, les femmes sont plus perspicaces que vous autres, messieurs, et c'est ainsi, Paul, que tour à tour je voulais vous fuir tout en désirant votre présence ; pendant cinq mois j'ai lutté, mais vous m'avez vaincue.

— Chère Emerance, fit Verneuil, en serrant la jeune femme dans ses bras, à vous pour la vie et à vous, madame, ajouta-t-il en s'adressant à Mme de Larcey, toutes mes affectueuses sympathies.

— Mon futur neveu, répondit celle-ci, n'oublions pas votre mère, tout ce que vous m'en avez dit me fait l'aimer, elle doit partager notre bonheur, demain nous irons tous trois la surprendre.

— J'avais la même pensée que vous, madame, reprit l'artiste, elle vous fera, la demande, accordée d'avance, de la main d'Emerance.

FIN DE LA PREMIÈRE PARTIE

NICE — IMPRIMERIE DES ALPES-MARITIMES
16, Rue Saint-François-de-Paule, 16.

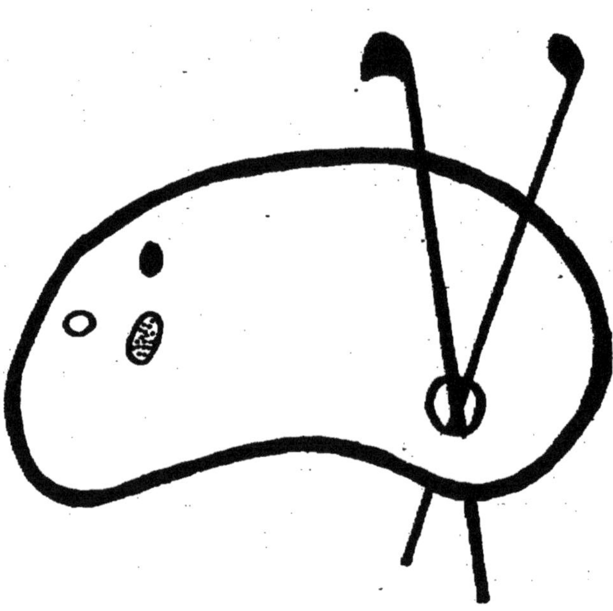

www.ingramcontent.com/pod-product-compliance
Ingram Content Group UK Ltd.
Pitfield, Milton Keynes, MK11 3LW, UK
UKHW020247250726
13967UKWH00004B/1553